Metallazyklen der Selten-Erd-Elemente mit verbrückten Bisamidinatliganden für die Katalyse und Liganden für die Actinoiden/Lanthanoiden Trennung

Metallazyklen der Selten-Erd-Elemente mit verbrückten Bisamidinatliganden für die Katalyse und Liganden für die Actinoiden/Lanthanoiden Trennung

Zur Erlangung des akademischen Grades eines

DOKTORS DER NATURWISSENSCHAFTEN

(Dr. rer. nat.)

der Fakultät für Chemie und Biowissenschaften

des Karlsruher Instituts für Technologie (KIT)-Universitätsbereich

vorgelegte

DISSERTATION

von

Dipl.-Chem. Denise Girnt

aus

Potsdam

Dekan: Prof. Dr. M. Bastmeyer

Referent: Prof. Dr. P. W. Roesky

Korreferent: Priv.-Doz. Dr. Th. Stumpf

Tag der mündlichen Prüfung: 16. April 2012

Bibliografische Information der Deutschen Nationalbibliothek

Die Deutsche Nationalbibliothek verzeichnet diese Publikation in der Deutschen Nationalbibliografie; detaillierte bibliografische Daten sind im Internet über http://dnb.d-nb.de abrufbar.

1. Aufl. - Göttingen : Cuvillier, 2012

Zugl.: Karlsruhe (KIT), Univ., Diss., 2012

978-3-95404-110-7

Die vorliegende Arbeit wurde von 2008 bis 2011 unter Anleitung von Prof. Dr. Peter W. Roesky an dem Karlsruher Institut für Technologie (KIT) – Universitätsbereich angefertigt.

Nonnenstieg 8, 37075 Göttingen

Telefon: 0551-54724-0

Telefax: 0551-54724-21

www.cuvillier.de

1. Auflage, 2012

Gedruckt auf säurefreiem Papier

978-3-95404-110-7

„DAMIT DAS MÖGLICHE ENTSTEHE,

MUSS WIEDER DAS UNMÖGLICHE VERSUCHT WERDEN.“

Hermann Hesse (1877-1962), Zen, Brief an Wilhelm Gundert

INHALTSANGABE

1. Einleitung

1.1. Lanthanoide

1.1.1. Einleitung

Als Lanthanoide („dem Lanthan ähnlich“) bezeichnet man die im Periodensystem auf das Element Lanthan folgenden 14 Elemente. Streng genommen zählt dementsprechend das namensgebende Lanthan selbst eigentlich nicht zu den Lanthanoiden, wird aber gemäß den aktuellen Empfehlungen der IUPAC (International Union of Pure and Applied Chemistry) aufgrund des so in der Literatur eingebürgerten Gebrauchs mit hinzugezählt.[1] Zusammen mit Scandium und Yttrium werden diese Elemente auch als „Seltenerdmetalle“ (Tabelle 1) oder „Seltene Erden“ bezeichnet, wobei letzterer Begriff sich aber nur auf die Oxide der Seltenerdmetalle bezieht. „Selten“ ist hierbei allerdings etwas irreführend, da die Elemente weit häufiger vorkommen, als der Name vermuten lässt. So ist die relative Häufigkeit des Elements Europium (0.99×10^{-5} %) in der Erdkruste fast genauso so groß wie die von Silber (1×10^{-5} %). Am häufigsten kommt Cer (4.3×10^{-3} %) vor, wolches damit an 26. Stelle der Vorkommen der Elemente in der Erdkruste steht.[2] Der Name Seltene Erden beruht auf der Tatsache, dass ursprünglich nur einige wenige Lagerstätten für Seltenerdmineralien bekannt waren. Heutzutage werden etwa 97 % der Seltenen Erden in China abgebaut, was ein Quasi-Monopol auf diesem Gebiet darstellt.[3] Gründe hierfür dürften unter anderen die geringen Personalkosten und mangelnden Umweltvorschriften sein, die den kommerziellen Abbau der Seltenen Erden für lange Zeit nur in China rentabel machten. Für die Weltwirtschaft sind die Seltenen Erden mittlerweile unverzichtbar, da sie für die Herstellung vieler aktueller High-Tech-Produkte benötigt werden, wie z.B. für Mobiltelefone, Flachbildschirme und für Batterien in der Automobilindustrie.[4]

Die stabilste Oxidationsstufe der Lanthanoide ist +III, wodurch auch eine große Ähnlichkeit zu den Elementen der 3. Gruppe gegeben ist. Als weitere Oxidationsstufen lassen sich neben den Metallen (0) nur +II und +IV in organischen Lösungsmitteln realisieren. Die klassische Koordinationschemie der +II- und +IV- Verbindungen waren bis 2002 von Sm^{2+}-, Eu^{2+}-, Tm^{2+}-, Yb^{2+}-, oder Ce^{4+}-

Verbindungen[5,6] geprägt. Seitdem konnte erstmals *Evans* von Tm^{2+}-, Dy^{2+}- und Nd^{2+}-Verbindungen[7,8] im Festkörper berichten. Für die anderen Lanthanoide sind diese Oxidationsstufen aufgrund zu extremer Redoxpotentiale üblicherweise instabil.

Z	Name	Symbol	Elektronenkonfiguration Ln^0	Ln^{3+}
21	Scandium	Sc	$[Ar]3d^14s^2$	[Ar]
39	Yttrium	Y	$[Kr]4d^15s^2$	[Kr]
57	Lanthan	La	$[Xe]5d^16s^2$	[Xe]
58	Cer	Ce	$[Xe]4f^15d^16s^2$	$[Xe]4f^1$
59	Praesodym	Pr	$[Xe]4f^36s^2$	$[Xe]4f^2$
60	Neodym	Nd	$[Xe]4f^46s^2$	$[Xe]4f^3$
61	Promethium	Pr	$[Xe]4f^56s^2$	$[Xe]4f^4$
62	Samarium	Sm	$[Xe]4f^66s^2$	$[Xe]4f^5$
63	Europium	Eu	$[Xe]4f^76s^2$	$[Xe]4f^6$
64	Gadolinium	Gd	$[Xe]4f^75d^16s^2$	$[Xe]4f^7$
65	Terbium	Tb	$[Xe]4f^96s^2$	$[Xe]4f^8$
66	Dysprosium	Dy	$[Xe]4f^{10}6s^2$	$[Xe]4f^9$
67	Holmium	Ho	$[Xe]4f^{11}6s^2$	$[Xe]4f^{10}$
68	Erbium	Er	$[Xe]4f^{12}6s^2$	$[Xe]4f^{11}$
69	Thulium	Tm	$[Xe]4f^{13}6s^2$	$[Xe]4f^{12}$
70	Ytterbium	Yb	$[Xe]4f^{14}6s^2$	$[Xe]4f^{13}$
71	Lutetium	Lu	$[Xe]4f^{14}5d^16s^2$	$[Xe]4f^{14}$

Tabelle 1: *Elektronenkonfiguration von Ln^0 und Ln^{3+}.*

Bedingt durch die relativ großen Ionenradien werden im Allgemeinen auch große Koordinationszahlen realisiert. Während bei den Übergangsmetallen und auch bei den Hauptgruppenelementen Koordinationszahlen von 2 bis 6 typisch sind, sind bei den Lanthanoiden Koordinationszahlen von 6 bis 10 gängig.[9] Des Weiteren besitzen Lanthanoide eine hohe Lewis-Acidität. Bevorzugt reagieren diese mit starken Lewis-Basen, wie z.B. Wasser, weshalb vor allem in der Organometallchemie der Lanthanoide unter rigidem Ausschluss von Luft und Feuchtigkeit gearbeitet werden muss. Mit steigender Ordnungszahl sinken sukzessiv die Ionenradien der dreiwertigen Lanthanoidkationen. Die Ursache für diesen als Lanthanoidenkontraktion bekannten Effekt liegt in der diffusen Gestalt und radialen Ausdehnung der 4f-Orbitale begründet, welche die zunehmende Kernladung (wenn besetzt) nur schlecht abschirmen und somit eine verstärkte Anziehung der äußeren, vollbesetzten 5s- und 5p-Orbitale bewirken. Die Anzahl der 4f-Elektronen hat dabei auf die Chemie der Lanthanoide kaum Auswirkungen,[10] da Überlappungen mit Ligandenorbitalen praktisch kaum vorkommen und somit Bindungen hauptsächlich mit elektrostatischen Wechselwirkungen erklärt werden.[11]

Dies hat zur Folge, dass klassische Liganden der Nebengruppenmetalle in der Chemie der Lanthanoide so gut wie keine Rolle spielen. So sind z.B. Carbonylkomplexe bisher nur in einer Argonmatrix bei 4 K isoliert worden, da keine Elektronen für die stabilisierende π-Rückbindung zur Verfügung stehen.[10] Vorteilhafter sind anionische Liganden, die sterisch anspruchsvoll genug sind, um das große Lanthanoidkation gut abzuschirmen. Diese Anforderungen erfüllen der Cyclopentadienylligand (Cp) und seine Derivate in optimaler Weise. Aus diesem Grund war die Organometallchemie der Lanthanoide lange Zeit vom Cp-Liganden geprägt. Der Cp-Ligand dient vor allem als sogenannter Zuschauerligand, welcher Komplexe vor der Zersetzung schützt, Reaktionszentren formt und selten an chemischen Reaktionen teilnimmt. In neuerer Zeit ist man dazu übergegangen, den Cp-Liganden durch andere Ligandensysteme zu ersetzen. Man erhofft sich dadurch, die elektronischen und sterischen Eigenschaften noch einfacher modifizieren zu können, bzw. Verbindungen mit neuartigen Eigenschaften darzustellen.

1.1.2. Lanthanoide in der Katalyse

Mit der Zielsetzung neuartige Katalysatorsysteme für organische Reaktionen zu finden, werden zunehmend Organolanthanoidverbindungen zum Gegenstand aktueller Untersuchungen. So können mittlerweile eine Vielzahl unterschiedlicher Transformationsreaktionen mit teils hohen Aktivitäten (insbesondere bei Olefintransformationen) katalysiert werden. Beispiele hierfür sind Hydroaminierungs-,[12-15] Hydrosilylierungs-[16-18] und Polymerisationsreaktionen.[19,20]

Ein Komplex kann erst katalytisch aktiv sein, wenn dieser am Metallzentrum über eine freie Koordinationsstelle verfügt. Diese Koordinationsstelle kann entweder bereits vorhanden sein oder im Laufe des katalytischen Prozesses durch Abspaltung der sogenannten Abgangsgruppe gebildet werden. Ein geeigneter Aufbau eines Lanthanoidkatalysators besteht somit aus dem Metallzentrum, einem oder mehreren Zuschauerliganden welche das Reaktionszentrum formen, sowie einem weiteren – bevorzugt schwach gebundenen – Liganden, der nach Abspaltung die freie Koordinationsstelle generiert (Abbildung 1).[21]

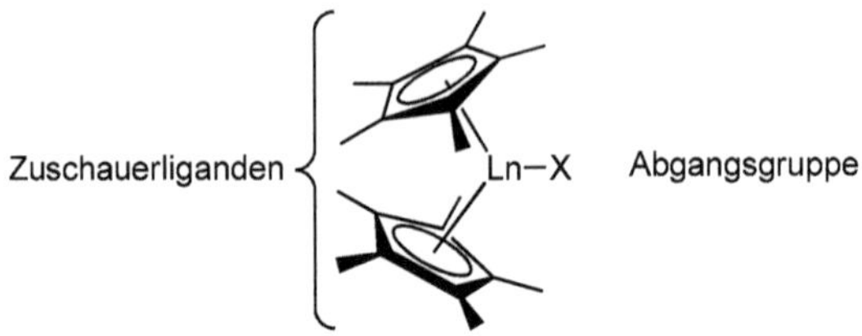

Abb.1: *Schema eines Lanthanoid-Katalysators.*

Neben dem dominanten Cp-Liganden kommen vor allem monoanionische Verbindungen wie Amidinate,[22,23] β-Diketiminate,[24] Bisoxazolinate,[25] Aminotroponiminate[26] und Bis(phosphinimino)methanide,[14,27,28] sowie dianionische Liganden wie Diamide,[29] Biphenolate[30] und Binaphtolate[31,32] als Zuschauerliganden zur Anwendung. Als gute Abgangsgruppen zeichnen sich vor allem Alkyle wie Trimethylsilylmethanid (TMS) und Amide wie Bistrimethylsilylamid (BTSA) aus.

Solche Systeme lassen sich wie bereits erwähnt für die Transformationen wie C-C-Mehrfachbindungen einsetzen. Eine dieser Reaktionstypen ist die Hydroaminierung. Unter der Hydroaminierungsreaktion versteht man die formale Addition eines Amins an eine C-C-Mehrfachbindung und wird u.a. auch in unserer Arbeitsgruppe intensiv untersucht.[14,33,34] Der Vorteil der katalytischen Hydroaminierung zur Darstellung von Aminen besteht darin, dass kaum Abfall- und Nebenprodukte entstehen. Dies ist ökologisch und ökonomisch sehr effizient und dadurch sind sie den klassischen Aminsynthesen wie der Gabrielsynthese oder der Staudingerreaktion überlegen. Generell weisen lanthanoidbasierende Katalysatoren dabei sehr hohe Aktivitäten auf.[12,13] Bereits 1989 wurde von *Marks et. al.*[35] über die intramolekulare Hydroaminierung von Aminoolefinen berichtet. Die Details des dazugehörigen Katalysezyklus konnte drei Jahre später publiziert werden (Abbildung 2).[36] Hierbei wird ein Präkatalysator (L_2Ln-R) durch ein Aminoalken im Initiierungsschritt (**A**) protolysiert und bildet dabei einen Amidokomplex. Über einen viergliedrigen Übergangszustand (**B**) folgt dann die intramolekulare Insertion des Alkens in die Ln-N-Bindung (**C**). Durch ein weiteres Aminoalken wird die Ln-C-Bindung aminolysiert und setzt dabei das heterozyklische Produkt frei (**D**), worauf der Zyklus abgeschlossen ist und erneut beginnen kann.

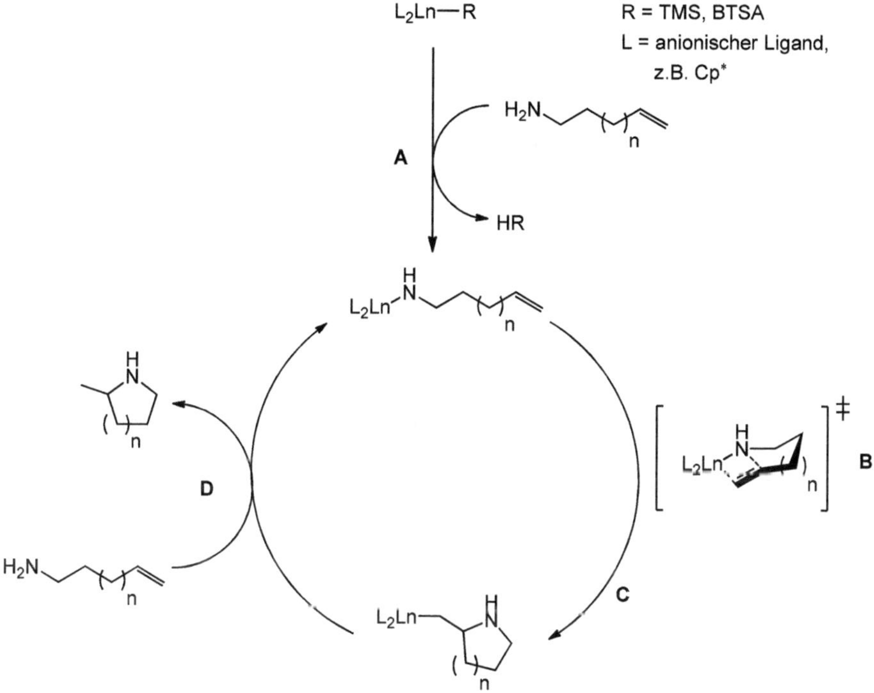

***Abb.2:** Mechanismus der lanthanoidkatalysierten intramolekularen Hydroaminierung.*

Durch die Verwendung von bimetallischen Homogenkatalysatoren, in denen zwei reaktive Metallzentren in definierter räumlicher Umgebung zueinander stehen, kann die Katalysatoraktivität drastisch erhöht werden. Erstaunliche Beispiele hierfür liefern katalytische Prozesse auf Enzymbasis.[37-40] Aufgrund des kooperativen Effekts der multimetallischen Reaktionszentren katalysieren Enzyme zudem mit sehr hoher Selektivität. Erste homodinuklearen Komplexe der Lanthanoide wurden ebenfalls von *Marks et. al.* synthetisiert und in der homogenen Katalyse für C-C-Mehrfachbindungstransformationen verwendet.[41]

Dieser Katalysator basiert auf einem phenylenverbrückten, binuklearen Cp-Lanthanoidkomplex. Weitere Systeme mit 4f-Metallen sind zurzeit nicht bekannt, was im Rahmen dieser Arbeit durch die Synthese von Bisamidinat-Komplexen der Lanthanoide geändert werden sollte.

1.2. Bisamidinate

Eine gute Alternative zu den Cp-Liganden stellen die monoanionischen Amidinate dar. Amidinate sind die Stickstoffanaloga der Carboxylate (Abbildung 3) und finden eine vielfache Anwendung als Liganden in der Haupt- und Nebengruppenchemie sowie in der Chemie der Lanthanoide.[22,23,42]

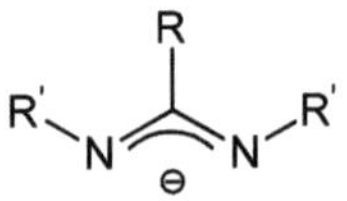

R = H, Alkyl, Aryl
R' = H, Alkyl, Cycloalkyl, Aryl, Trimethylsilyl

Abb.3: *Schematischer Aufbau von Amidinaten.*

Aufgrund ihrer guten Modifizierbarkeit bieten sich die Amidinate für den Einsatz als flexible Ligandensysteme an. So können die sterischen und elektronischen Eigenschaften des Amidinats durch gezielte Veränderungen der drei Substituenten an der zentralen NCN-Einheit gesteuert werden. Damit ist eine Optimierung eines bestehenden Katalysatorsystems relativ einfach möglich. Weiterhin können Amidinate recht flexibel in einer Vielzahl von verschiedenen Bindungsmodi an das Metall koordinieren. Die wichtigsten drei sind in Abbildung 4 dargestellt, wobei im häufigsten vorkommenden Modus der Amidinat-Ligand das Metallatom chelatisiert (**I**). Bei sterisch sehr anspruchsvollen Substituenten können die Amidinate auch als einzähnige Liganden fungieren (**II**) oder in Abhängigkeit der jeweiligen Metallatome verbrückend koordinieren (**III**), ein Strukturmotiv welches oft bei Nebengruppen-elementen auftritt.[42]

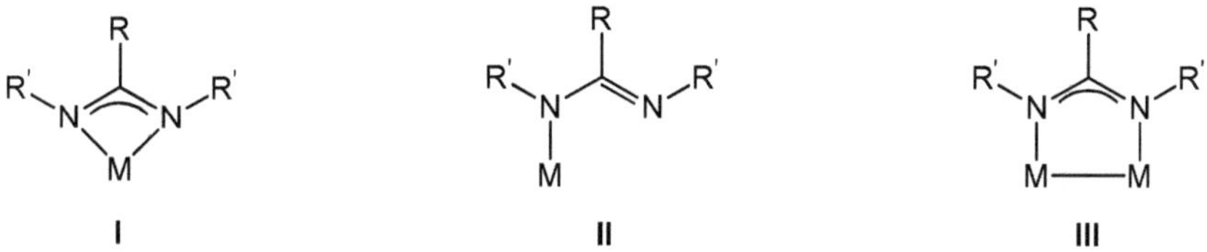

Abb.4: Bindungsmodi des Amidinat-Liganden.

Verknüpft man nun zwei Amidinatfunktionen miteinander, so gelangt man zu den dianionischen Bisamidinaten. Die einfachsten Vertreter dieser Gruppe von Liganden stellen die Oxalamidine (**a**) (Abbildung 5) dar, in welchen zwei Amidin-Einheiten direkt über eine C-C-Bindung verbrückt vorliegen. Mit diesem Ligandensystem sind bimetallische Komplexe der vierten Nebengruppe[43] und der Actinoide[44] bekannt. In diesen Komplexen konnte jedoch kein kooperativer Effekt der Metallzentren festgestellt werden. Ebenso verhält es sich bei Komplexen in denen die Verbrückung der Amidinateinheiten mittels einer flexiblen C3-Kette direkt über die Stickstoffatome (**b**) bewerkstelligt wird.[45,46] Bimetallische Komplexe sind insofern interessant, da unter Umständen kooperative Wechselwirkungen zwischen den Metallkationen auftreten können. Hierzu gehören bei den Übergangsmetallen z.B. Kopplung zwischen NMR aktiven Kernen,[47] Quenchvorgänge bei Luminophoren[48] und Spin-Cross-Over zwischen paramagnetischer Metallzentren.[49] Die Wahrscheinlichkeit von kooperativen Effekten zwischen den unterschiedlichen Metallzentren steigt vermutlich bei der Verwendung von starren Ligandenrückgraten (Spacern). Dadurch lässt sich ein wohldefinierter Abstand zwischen dem Metallzentrum einstellen. Als Spacer kommen z.B. polyzyklische Aromaten in Frage. *Hagadorn et. al.* berichten über Systeme mit kooperativen Effekten, welche über starre Ligandenrückgrate aus polyzyklischen Aromaten (**c**,**d**) verfügen. So konnten dinukleare Komplexe mit Elementen der vierten Nebengruppe[50,51] sowie des Aluminiums[52] dargestellt werden. Durch das starre Rückgrat lässt sich so ein definierter Abstand zwischen den Koordinationszentren erreichen.

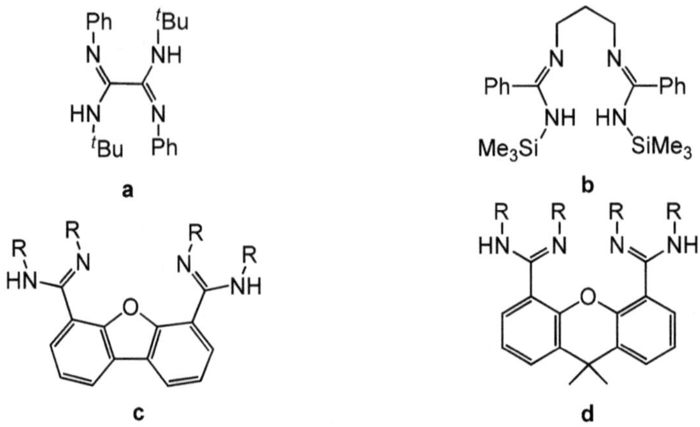

Abb.5: *Literaturbekannte Bisamidinsysteme.*

1.3. Actinoiden/Lanthanoiden Trennung

1.3.1. Einleitung

Im Jahr 2010 waren weltweit 443 Kernkraftwerke am Netz und produzierten mit etwa 2630 TWh 13 % des elektrischen Stroms.[53] Deutschland erzeugte mit 17 Kernkraftwerken 23 % seines Strombedarfs.[54] Aufgrund des Atomunglücks in Japan 2011 wird Deutschland voraussichtlich bis 2022 seine Kernkraftwerke abschalten.[55] Trotzdem steht die Entsorgung und Endlagerung radioaktiver Abfälle im Fokus der aktuellen Forschung, da ein schlüssiges Konzept bis heute nicht besteht.
Pro Jahr fallen weltweit rund 10500 t abgebrannter Kernbrennstoffe an. Etwa zwei Drittel werden endgelagert, etwa ein Drittel wird aufbereitet.[56] Bei der Wiederaufbereitung werden die Wertstoffe Uran und Plutonium zurückgewonnen. Die Spaltprodukte und die nicht abgetrennten Actinoiden werden als hochradioaktiver Abfall in Glas eingeschmolzen und in tiefen geologischen Formationen endgelagert. Die Lagerungszeit der hochradioaktiven Abfälle wird durch das Langzeitgefährdungspotential bestimmt, welches sich aus der Radiotoxizität ableiten lässt.

1.3.2. Radiotoxizität

Die Radiotoxizität ist ein Maß dafür, wie gesundheitsschädlich ein Radionuklid ist. Die Abhängigkeit wird bestimmt durch die Strahlenart, die Strahlenenergie sowie die Aufnahme, Resorption und Verweildauer des Radionuklids im Organismus. Abbildung 6[57] zeigt die Radiotoxizität von einer Tonne abgebranntem Brennstoff in Abhängigkeit von der Zeit nach seiner Entladung aus dem Reaktor sowie die Radiotoxizitätsverläufe von Spaltprodukten (SP), minoren Actinoiden (MA: Neptunium, Americium, Curium) und Plutonium (Pu), welche ebenfalls im Brennstoff enthalten sind. Erst nach mehr als hunderttausend Jahren erreicht die Radiotoxizität des abgebrannten Kernbrennstoffs (Kurve S) das Niveau von natürlich vorkommendem Natururan. Sie wird anfangs durch die Spaltprodukte (SP) – insbesondere ^{137}Cs und ^{90}Sr – bestimmt, deren Radiotoxizität aber wegen der verhältnismäßig kurzen Halbwertszeit innerhalb von einigen hundert Jahren um mehr als fünf Größenordnungen abnimmt (SP-Kurve). Nach etwa 200 Jahren bestimmen Plutonium und in geringerem Maße die minoren Actinoiden die Radiotoxizität des abgebrannten Kernbrennstoffs. Aus diesem Grund führen die Abtrennung und Transmutation von Plutonium und den MA zu einer deutlichen und langfristigen Verringerung der Radiotoxizität.

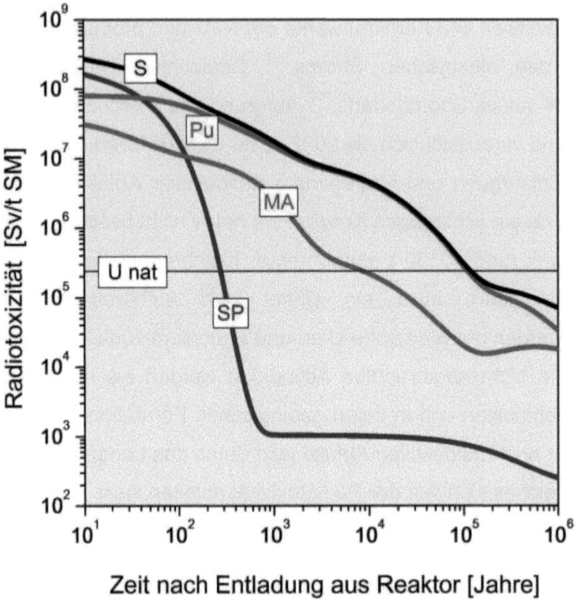

Waagerechte Linie U nat.: Radiotoxizität der Menge natürlichen Urans, die zur Herstellung einer Tonne frischem, angereicherten Kernbrennstoff benötigt wird.
Kurve S: Radiotoxizität des abgebrannten Brennstoffs.
Kurve SP: Radiotoxizität der kurzlebigen Spaltprodukte, insbesondere ^{137}Cs und ^{90}Sr.
Kurve MA: Radiotoxizität der minoren Actinoiden Neptunium, Americium und Curium.
Kurve Pu: Radiotoxizität von Plutonium.

Abb.6: *Radiotoxizität einer Tonne abgebrannten Kernbrennstoffs in Abhängigkeit von der Zeit nach seiner Entladung aus dem Reaktor.*[57]

1.3.3. Partitioning und Transmutation (P&T)

Das Langzeitgefährdungspotenzial hochradioaktiver Abfälle wird durch die Abtrennung langlebiger Radionuklide (Partitioning) und ihre Umwandlung in speziellen Reaktoren durch Neutronenbestrahlung in kurzlebige oder stabile Spaltprodukte (Transmutation) reduziert. Die Auswirkung der Abtrennung von Plutonium und den MA auf die Radiotoxizität in Abhängigkeit der Zeit wird in Abbildung 7[57] dargestellt. Als Vergleich ist die Radiotoxizität von der Menge Natururan angegeben, die benötigt wird um eine Tonne frischen Kernbrennstoff herzustellen. Kurve S beschreibt den Radiotoxizitätsverlauf, wenn keine Abtrennung erfolgt. Dies ist bei der direkten Endlagerung abgebrannter Kernbrennstoffe der Fall. Die Radiotoxizität von Natururan wird erst nach rund 170 000 Jahren erreicht. Kurve WA (Wiederaufbereitung) zeigt den Radiotoxizitätsverlauf, wenn Plutonium und Uran abgetrennt werden. Die Abtrennung von Uran und Plutonium erfolgt im PUREX-Prozess (Plutonium and Uranium Recovery by EXtraction) aus abgebrannten Kernbrennstäben. Dieses Verfahren ist bereits heute kerntechnischer Stand. Nach Auflösung des Kernbrennstoffs in Salpetersäure trennt ein Flüssig-Flüssig-Extraktionsverfahren mit Tri-*n*-butyl-phosphat (TBP) Uran und Plutonium selektiv von MA und SP ab. Entsprechende großtechnische Wiederaufbereitungsanlagen befinden sich in La Hague (Frankreich), Sellafield (Großbritannien) und Rokkasho (Japan). Durch die Abtrennung von 99 % des Plutoniums erreicht die Radiotoxizität des verbleibenden Abfalls (Kurve WA) das Niveau von Natururan nach etwa 14 000 Jahren. Dieser Radiotoxizitätsverlauf entspricht dem von verglasten Abfällen aus der Wiederaufbereitung. Wenn aber auch noch die MA zu 99.5 % abgetrennt werden, dann fällt die Radiotoxizität (Kurve A) steil ab, und bereits nach etwas über 300 Jahren ist die Radiotoxizität von Natururan erreicht.[58] Wenn die MA nur zu 95 % abgetrennt werden (Kurve B), wird das Niveau von Natururan erst nach 10 000 Jahren erreicht.

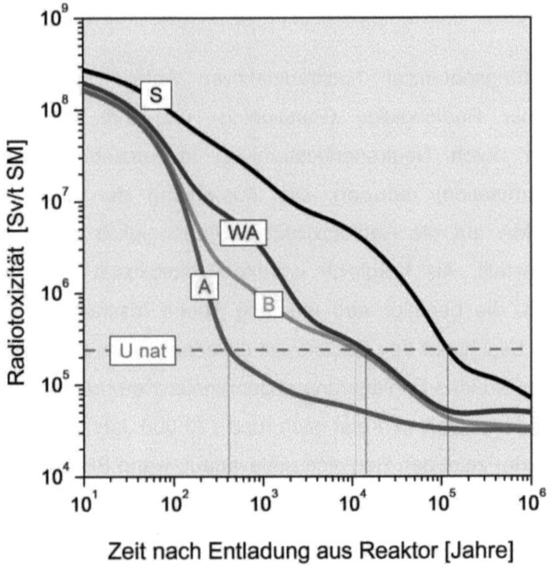

Waagerechte Linie U nat.: Radiotoxizität der Menge natürlichen Urans, die zur Herstellung einer Tonne frischem, angereicherten Kernbrennstoff benötigt wird.
Kurve S: ohne Abtrennung (direkte Endlagerung).
Kurve WA: hochradioaktiver Abfall nach Wiederaufbereitung (Abtrennung des Urans und Plutoniums).
Kurve A: Abtrennung von Plutonium und minoren Actinoide mit einer P&T-Effizienz von 0.995.
Kurve B: Abtrennung von Plutonium und minoren Actinoide mit einer P&T-Effizienz von 0.95.

Abb.7: *Auswirkung der Abtrennung und Transmutation von Plutonium und minoren Actinoiden auf den Verlauf der Radiotoxizität.*[57]

Die selektive Abtrennung der minoren Actinoiden aus dem hochradioaktiven Abfall stellt eine besondere Herausforderung an die nuklearchemische Forschung dar. Bei dem in Europa entwickelten Partitioningkonzept[59] (Abbildung 8) handelt es sich um einen zum großtechnischen PUREX-Verfahren kompatiblen Prozess. Americium und Curium werden gemeinsam mit den Lanthanoiden im DIAMEX-Prozess (DIAMide-EXtraction) von den SP extrahiert. Liganden, die sich bereits im halbtechnischen Maßstab als geeignet erwiesen haben, sind z.B. *N,N'*-Dimethyl-*N,N'*-dioctyl-2-(-2-hexyloxy-ethyl)-malonamid (DMDOHEMA) und *N,N,N',N'*-Tetra-*n*-octyldiglycolamid

(TODGA).[60-62] Zur weiteren Separation der Lanthanoide von den Actinoiden wird der SANEX-Prozess (Selective ActiNoide EXtraction) angewendet.

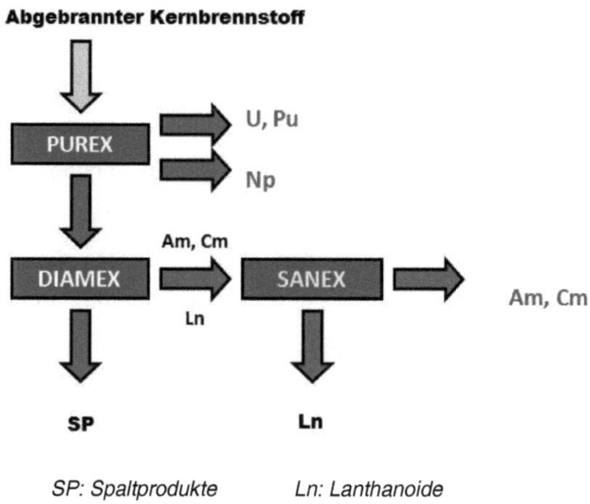

Abb.8: *Der Partitioning-Prozess zur selektiven Auftrennung der abgebrannten Kernbrennstoffe.*[59]

1.3.4. Selektive Extraktion der Actinoide

Um die minoren Actinoiden durch Transmutation in Nuklide mit kürzeren Halbwertszeiten umzuwandeln oder als Kernbrennstoff in neuen Atomreaktoren zu recyceln, ist ihre vollständige Abtrennung von den Lanthanoiden notwendig. Diese besitzen hohe Neutronenabsorptionsquerschnitte, verhindern also bei Anwesenheit den Transmutationsprozess.

Die Separation von Americium und Curium von den Lanthanoiden aus der Produktlösung des DIAMEX-Prozesses stellt eine extreme Herausforderung im SANEX-Prozess dar. Aufgrund der chemischen Ähnlichkeiten der dreiwertigen Actinoide und der Lanthanoide (Oxidationszahl, Ionenradius wegen der Actinoiden- und Lanthanoidenkontraktion) ist die Separation der beiden Elementgruppen äußerst schwierig mit befriedigender Selektivität zu realisieren. Der SANEX-Prozess stellt somit einen Schlüsselschritt des Partitionings dar. Die selektive Extraktion der Actinoide neben den Lanthanoiden aus der stark salpetersauren Produktlösung des DIAMEX-Prozesses stellt eine hohe Anforderung an die verwendeten

Extraktionsmittel. Eine Trennung gelingt nur mit Liganden, die über weiche Donoratome (N, S) koordinieren und folgende Kriterien[63] besitzen: hohe Selektivität, gute Löslichkeit in unpolaren organischen Lösungsmitteln, hohe Hydrolysestabilität, hohe Radiolysestabilität, Fähigkeit zur direkten Extraktion aus salpetersauren Lösungen, Möglichkeit der Dekomplexierung zur Rückextraktion der Actinoide in eine wässrige Phase und Rückgewinnung des Liganden, schnelle Transferkinetik sowie die Befolgung des CHON-Prinzips. Das CHON-Prinzip besagt, dass alle Prozesschemikalien nur aus den Elementen Kohlenstoff, Wasserstoff, Sauerstoff und Stickstoff bestehen sollen. Dies bringt den Vorteil einer rückstandslosen Verbrennbarkeit der Prozessabfälle und somit der Reduktion des Volumens von Sekundärabfällen. Aus diesem Grund fokussiert sich die Entwicklung neuer selektiver Ligandensysteme im Wesentlichen auf die Synthese weicher heteroaromatischer Stickstoffbasen. Als erfolgreiche Extraktionsliganden (Abbildung 9) erwiesen sich die 1999 entwickelten 2,6-Bis-triazinyl-pyridin-Derivate (BTP)[64] und die 2005 entwickelten Bis-triazinyl-bipyridin-Derivate (BTBP).[65] Diese mehrzähnigen heterozyklischen *N*-Donor-Liganden wurden im Labormaßstab untersucht.

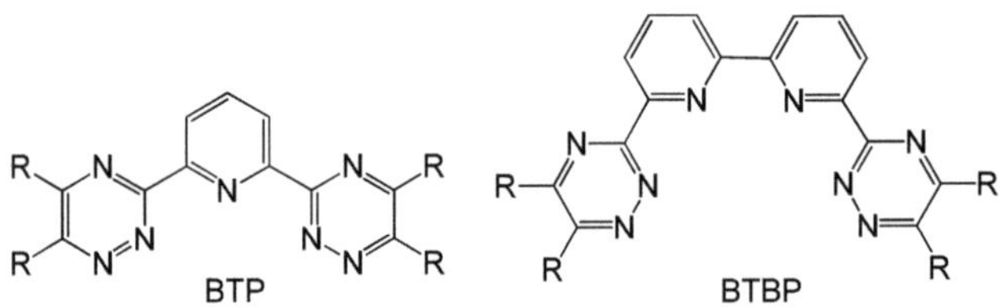

Abb.9: *Allgemeine Strukturformel der BTP- und der BTBP-Liganden.*

Diese ersten hochselektiven Ligandenklassen extrahieren trivalentes Americium neben Europium mit Trennfaktoren (*SF)* über 100[64-71] aus prozessrelevanten Lösungen. Die molekulare Ursache der ausgezeichneten Selektivitäten, welche mit diesen Ligandenklassen erzielt werden, ist jedoch bisher weitgehend unklar. Kenntnisse bezüglich der Ursache der Selektivität sind jedoch für ein umfassendes Prozessverständnis sowie als Grundlage zur Optimierung der Extraktionsmittel unerlässlich.[72] Durch Extraktionsergebnisse von BTP-Liganden mit Actinoiden(III) in 1 M salpetersaurer Lösung und anschließender Rückextraktion mit verdünnter Salpetersäure zeigt sich, dass der 1:3 Komplex extrahiert wird.[64,66] Die Bestätigung erfolgt durch röntgenkristallographische Untersuchungen an kristallinen Komplexen mit verschiedenen Lanthanoiden(III).[73,74] Die BTP-Liganden, bestehend aus einem zentralen Pyridinring, sind tridentate Chelatliganden, wobei die koordinative Bindung über das Stickstoffatom des Pyridinrings und beide Stickstoffatome in 2-Position der Triazinringe erfolgt. Die tetradentaten BTBP-Chelatliganden hingegen erzeugen 1:2 Komplexe[68,69,71] von Actinoiden(III) und Lanthanoiden(III) in Extraktionsversuchen sowie 1:1 Komplexe von Lanthanoiden(III)[75], die mittels Einkristallröntgenstrukturanalyse charakterisiert wurden. Eine spektroskopische Quantifizierung der Komplexspezies in Lösung erfolgte mittels der zeitaufgelösten Laserfluoreszenzspektroskopie (TRLFS, *T*ime *R*esolved *L*aser *F*lourescence *S*pectroscopy). Aufgrund der hervorragenden spektroskopischen Eigenschaften wird Cm(III) als exemplarischer Vertreter der dreiwertigen Actinoiden herangezogen. Mit TRLFS steht eine Methode zur Verfügung, welche die Quantifizierung von Komplexspezies in submikromolaren Konzentrationen erlaubt und bereits erfolgreich in Studien zur Komplexbildung partitioning-relevanter Liganden eingesetzt werden konnte[76-78]. Eine weitere Speziationsmethode für Actinoid(III)-Komplexe stellt die Röntgenabsorptionsspektroskopie (XAS, *X*-Ray *A*bsorption *S*pektroskopie) dar. Die erweiterte Feinstruktur eines XAS-Spektrums stellt EXFAFS (EXAFS, *E*xtended-*X*-ray *A*bsorption *F*ine *S*tructure) dar. TRFLS: Elektronische *f-f*-Übergänge der 4*f*-Elemente sind Laporte-verboten, ihre Banden sind sehr scharf, und die Lebensdauer ihrer angeregten Zustände ist sehr lang (µs-ms).[79] Die Energien dieser Zustände sind aufgrund der Abschirmung der 4*f*-Zustände durch die gefüllten $5s^2 5p^6$-Unterschalen wohldefiniert und nicht ligandenfeldabhängig,[80] im Gegensatz zu den Actinoiden. Allerdings sind einige dieser Übergänge, hier z.B. bei Cm^{3+}, charakteristisch in Bezug auf die Koordinationsumgebung des Kations und ändern ihre Intensität oder Bandenform signifikant bei der Änderung der Koordinationszahl oder der näheren chemischen Umgebung. Dies macht sie ideal zum Einsatz in der Biomedizin als optische Sensoren, bzw. in der optischen Bildgebung oder in Lasern.[81,82] EXAFS ist ein Verfahren der Röntgenabsorptionsspektroskopie, mit dessen Hilfe Art, Anzahl und Entfernung von Nachbaratomen (Liganden) eines bestimmten chemischen Elements sowohl in Lösung als auch im Festkörper bestimmt werden können. Dieser Prozess beruht darauf, dass ein Atom bei der Absorption eines Röntgenquants ionisiert wird. Das dadurch freigesetzte Elektron, dessen kinetische Energie von der Energie der Röntgenstrahlung abhängt, breitet sich als Welle aus und wird von den benachbarten Atomen gestreut. Je nach Wellenlänge des Elektrons kommt es zu einer konstruktiven oder destruktiven Interferenz zwischen der auslaufenden Welle und den zurückgestreuten Wellen. Diese Interferenzen sind abhängig von der Art der Nachbaratome und deren Abstand vom Absorberatom.[83] Aus der Feinstruktur des Spektrums lassen sich durch Fouriertransformation und durch das Fitten an ein Modell Bindungslängen und –winkel extrahieren. Gemessen wurde jeweils die L3 Kante des Metallatoms, was der Anregung eines 2p-Elektrons entspricht.

2. Aufgabenstellung

Im ersten Aufgabenbereich sollten systematische Untersuchungen zeigen, inwiefern sich Bisamidinatliganden für die Darstellung zweikerniger Lanthanoidkomplexe eignen. Durch unterschiedliche Ligandenrückgrate und Variationen der sterischen Reste an den Amidinateinheiten sollte dabei sowohl deren Einfluss auf die Distanz der koordinierten Metalle zueinander als auch die direkte Umgebung der Metallzentren selbst untersucht werden. Diese beiden Faktoren haben einen wesentlichen Einfluss auf die Reaktivität der Zielverbindungen im Hinblick auf eine spätere Anwendung als Hydroaminierungskatalysatoren. Als Ligandenrückgrate waren dabei Naphthalin, Dibenzofuran und 9,9-Dimetylxanthen vorgesehen (Abbildung 10). Die zu variierenden Restgruppen sollten nach Gesichtspunkten wie sterischem Anspruch, elektronischem Einfluss, Löslichkeit und gegebenenfalls chiraler Induktion ausgewählt werden. Die Darstellung der Komplexe war über Salzmetathese- oder Metallierungsreaktionen vorgesehen.

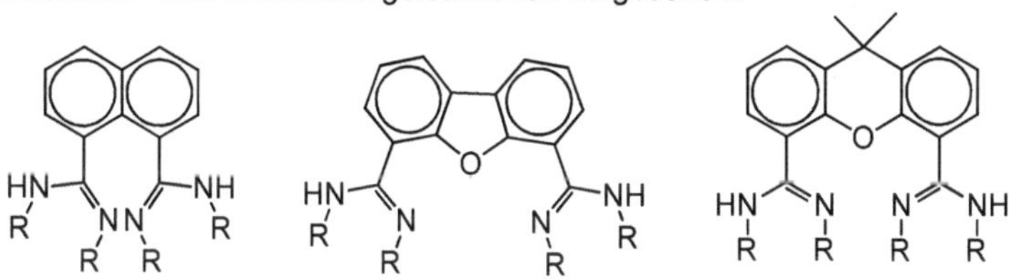

R = Cy, Ph, (*S*)-PhMe, *p*-Tolyl

Abb.10: *Verwendete Ligandensysteme für die Synthese bimetallischer Lanthanoidkomplexe.*

Der zweite Aufgabenbereich bestand in der Entwicklung von selektiven Extraktionsliganden für die Separation der minoren Actinoiden Americium und Curium von den chemisch ähnlichen Lanthanoiden Samarium und Europium (Spaltprodukte). Zwei verschiedene Ligandensysteme (Abbildung 11) sollten dazu in die Komplexchemie der Lanthanoide eingeführt werden. Die Synthese der Actinoidkomplexe sowie die Anwendung in der Actinoiden-/Lanthanoiden Trennung waren dabei in Kooperation mit den Arbeitsgruppen Denecke, Panak und Geist aus dem Institut für Nukleare Entsorgung (INE) des KITs vorgesehen.

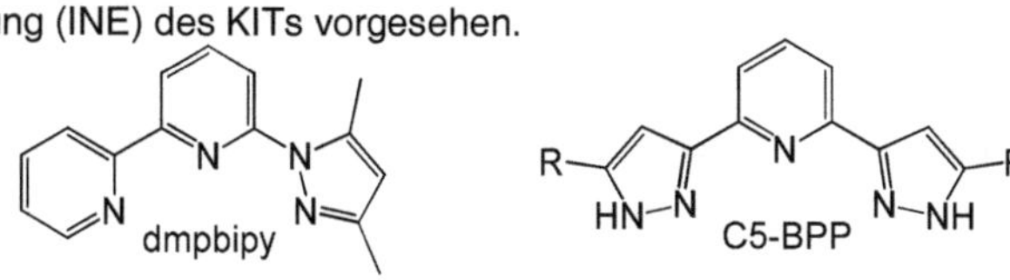

dmpbipy C5-BPP R = *Neo*-pentyl

Abb.11: *Verwendete Ligandensysteme für die Actinoiden-/Lanthanoiden Trennung.*

3. Diskussion der Ergebnisse

Alle nachfolgenden Verbindungen wurden soweit möglich mittels spektroskopischer und analytischer Methoden (EA, NMR-, IR- und Massenspektroskopie) charakterisiert, die entsprechenden Daten hierzu sind im Experimentalteil aufgelistet. Die Diskussion der Röntgenstrukturanalysedaten beschränkt sich in den Kapiteln über die Bisamidine und deren Komplexe auf relevante Bereiche (insbesondere auf den Abstand der Amidingruppen zueinander).

3.1. Synthese von Bisamidinen und Bisamidinaten

Als prinzipielle Strategie für die Darstellung der Bisamidine wurde die Umsetzung von dilithiierten Spacergruppen mit Carbodiimiden gewählt. Durch einen nukleophilen Angriff am Kohlenstoffatom des Carbodiimids und anschließender Hydrolyse gelingt die Synthese der Liganden (Abbildung 12).

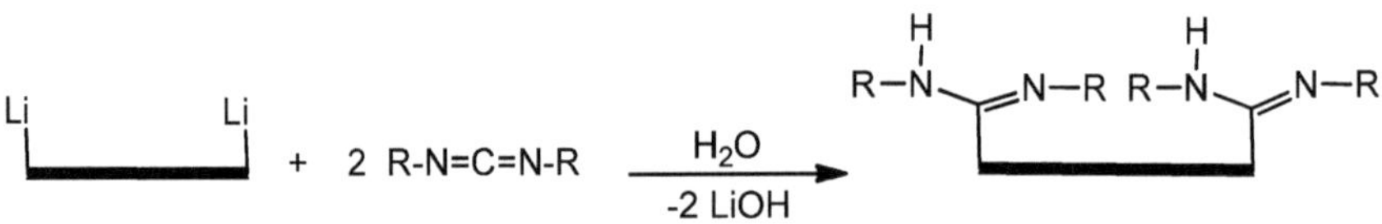

= Spacer; Spacer = 1,8-Naphtalin, 1,8-Dibenzofuran (DBF), 9,9-Dimethylxanthen (Xan) und 4,5-Phenanthren (Phenan)

R = Cy, Ph, (*S*)-PhMe, *p*-Tolyl

Abb.12: *Prinzipielle Synthesestrategie von Bisamidinen.*

Im Folgenden werden zunächst die Synthesen der verschiedenen Bisamidinliganden vorgestellt, die nach der jeweils verwendeten Brücke gegliedert sind. Danach folgen die Synthesen der eigentlichen Seltenerdmetallkomplexe, deren katalytische Aktivität in Abhängigkeit von der verwendeten Spacergruppe, dem sterischen und elektronischen Anspruch der Reste und Größe der Metallkationen untersucht werden sollte. Als Spacergruppen kamen dabei 1,8-Naphtalin, 1,8-Dibenzofuran, 9,9-Dimethylxanthen und 4,5-Phenanthren zum Einsatz. An diese wurden Carbodiimide mit unterschiedlichen Restgruppen angebracht. So kann durch die Variation des Ligandenrückgrates primär Einfluss auf den Abstand zwischen den in den beiden

Amidinateinheiten koordinierten Metallzentren genommen werden. Ein Vergleich zwischen den 1,8-Dibenzofuran- und 9,9-Dimethylxanthen basierenden Bisamidine wird in Kapitel 3.1.5 detailliert dargestellt. Durch die verschiedenen Restgruppen sollte die räumliche und elektronische Umgebung der jeweiligen Metallzentren modifiziert werden. Hierbei wurden generell sterisch anspruchsvolle Ringsysteme gewählt, die sich hauptsächlich in ihren elektronischen Einflüssen unterscheiden. Die Auswahl beschränkte sich dabei auf eine aliphatische Cyclohexylgruppe (Cy), aromatische Phenyl- (Ph) und *p*-Tolylgruppen (in Hinblick auf deren unterschiedliche Löslichkeiten) sowie (*S*)-Phenylethyl ((*S*)-PhMe), um eine chirale Induktion zu erreichen.

3.1.1. 1,8-Naphtalin verbrückte Bisamidinate

Die Synthese von 1,8-Naphtalin verbrückten Bisamidinaten über das dilithiierte Naphthalin war nicht erfolgreich. Stattdessen wurde nur das Benzo[*de*]isochinolin-Derivat (**1**) über eine intermolekulare Addition des verwendeten Carbodiimids (Bis-*p*-tolylcarbodiimid) erhalten (Abbildung 13). Der Grund dafür liegt wahrscheinlich am geringen Abstand der 1,8 Position. Mit Cyanidgruppen am Naphthalin wurde eine ähnliche Reaktion von *Forrester et al.*[84] berichtet.

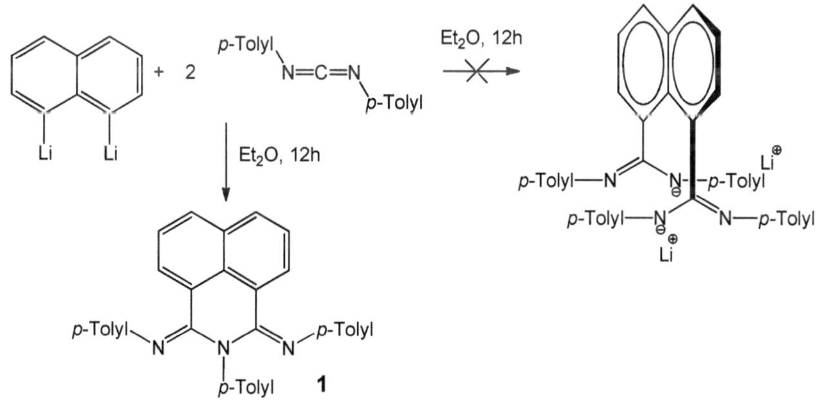

Abb.13: *Versuch der Synthese eines verbrückten 1,8-Naphtalin Bisamidinaten.*

Die Molekülstruktur von **1** im Festkörper konnte mittels Einkristallröntgenstrukturanalyse aufgeklärt werden. **1** kristallisiert aus Diethylether/*n*-Pentan in der triklinen Raumgruppe $P\bar{1}$ mit vier Molekülen pro Elementarzelle. Die Struktur zeigt zwei unabhängige Konstitutionsisomere (Abbildung 14), die sich in der Anordnung der *p*-Tolyl-Substituenten zur der 1,8-Naphtalin-Brücke im Festkörper unterscheiden. Dies wurde bereits im Falle von 1,4-$C_6H_4[C\{NCy\}\{NHCy\}]_2$ beobachtet.[85] In der linken Struktur sind zwei *p*-Tolyl-Substituenten (N1-C13 und N2-C20 Einheit) parallel zueinander angeordnet und der dritte Substituent ist um 90° (N3-C27 Einheit) verdreht. In beiden Isomeren ist das Benzo[*de*]isochinolin-System stark gespannt. (veränderter Torsionswinkel um 10°).

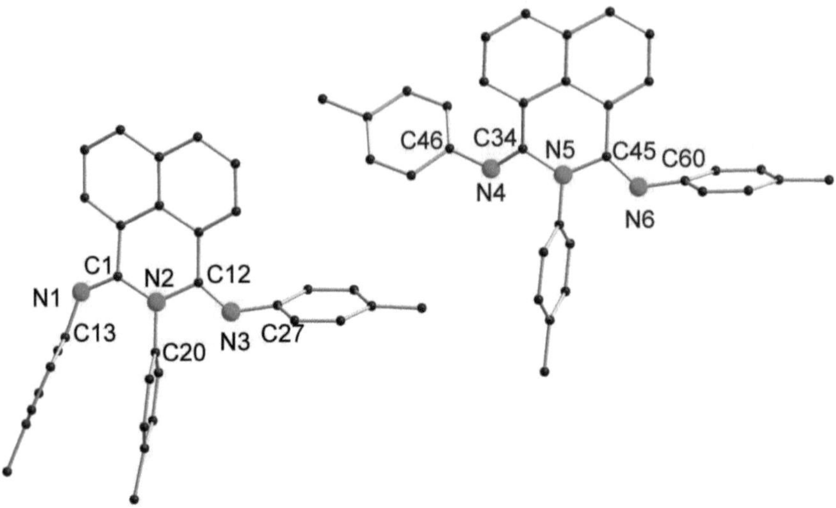

***Abb.14:** Molekülstruktur von **1** im Festkörper (ohne Darstellung der Wasserstoffatome). Ausgewählte Abstände [Å] und Winkel [°]: N1-C1 1.279(2), C1-N2 1.405(2), C12-N2 1.417(2), C12-N3 1.268(2), C34-N4 1.280(2), C34-N5 1.408(2), C45-N5 1.405(2), C45-N6 1.276(2); C1-N1-C13 132.7 (1), C12-N2-C20 115.4(1), C12-N3-C27 129.8(1), C34-N4-C46 126.8(1), C45-N5-C53 117.8 (1), C45-N6-C60 129.0(1).*

3.1.2. 1,8-Dibenzofuran verbrückte Bisamidine

Die bislang unbekannten 1,8-Dibenzofuran verbrückten Bisamidine werden analog nach *Hagadorn et al.*[52] mit sterisch anspruchsvollen Carbodiimiden synthetisiert. Mittels unterschiedlicher Substituenten an den resultierenden Amidingruppen (Cy, Ph, (*S*)-PhMe und *p*-Tolyl) sollten deren unterschiedliche Einflüsse auf das Ligandensystem bzw. die darzustellenden Komplexe (aliphatischer, aromatische, bzw. chirale Reste) untersucht werden. Die neuen Bisamidin-Verbindungen (1,8-Bis(dicyclohexylamidino)dibenzofuran ($^{Cy}L_{DBF}H_2$) (**2**), 1,8 -Bis(diphenylamidino)-dibenzofuran ($^{Ph}L_{DBF}H_2$) (**3**), 1,8-Bis(di-(*S*)-1-phenylethylamidino)dibenzofuran ($^{(S)\text{-}PhMe}L_{DBF}H_2$) (**4**) und 1,8-Bis(*p*-tolylamidino)dibenzofuran($^{p\text{-}Tolyl}L_{DBF}H_2$) (**5**)) wurden durch Umsetzung von 1,8-Dibenzofuran mit 2.2 Äquivalenten *n*-Butyllithium und 2.2 Äquivalenten des entsprechenden Carbodiimids in *n*-Hexan und anschließender Hydrolyse dargestellt (Abbildung 15).

R = Cy (**2**), Ph (**3**), (*S*)-PhMe (**4**), *p*-Tolyl (**5**)

Abb.15: *Synthese der 1,8-Dibenzofuran verbrückten Bisamidine.*

Durch Umkristallisation der Rohprodukte aus den entsprechenden Lösungsmitteln konnten Einkristalle von **2**-**5** erhalten werden. Die Aufklärung der Molekülstrukturen im Festkörper erfolgte mittels Einkristallröntgenstrukturanalyse (Abbildung 16-19). **2** kristallisiert aus *n*-Pentan bei 7 °C in der monoklinen Raumgruppe *C2/c* mit vier Molekülen pro Elementarzelle (Abbildung 16). Die C_2-Achse verläuft durch das Sauerstoffatom des Dibenzofurans. Beide Amidinfunktionen liegen in *E syn* Konfiguration vor, was auch bei anderen strukturell charakterisierten Amidinen ein häufig anzutreffendes Strukturmotiv darstellt.[85,86] Der Abstand zwischen den beiden Kohlenstoffatomen C1,C1' beträgt 5.499(2) Å, der der entgegengesetzten Stickstoff-atome (N1-N2') 5.918(2) Å. Verbindung **2** ist isostrukturell zu der Alkyl-Verbindung $^{iPr}L_{DBF}H_2$ von *Hagadorn et al.*[52] Die Bindungslängen für die C1-N1 Aminbindung (1.377(3) Å) und die C1-N2 Iminbindung (1.276(2) Å) weisen typische Werte für Amidine auf.[85,87] Der N1-C1-N2 Bindungswinkel liegt mit 120.9(2)° im idealen Bereich für ein sp^2-hybridisiertes Kohlenstoffatom. Zur heteroallylischen NCN-Einheit besitzt der verbrückende Spacer einen Torsionswinkel von 69.2(3)°. Der C1-C2 Abstand (1.506(2) Å) liegt im Bereich einer C-C-Einfachbindung. Dies deutet auf keine Konjugation des polyzyklischen Systems mit der Imindoppelbindung hin.

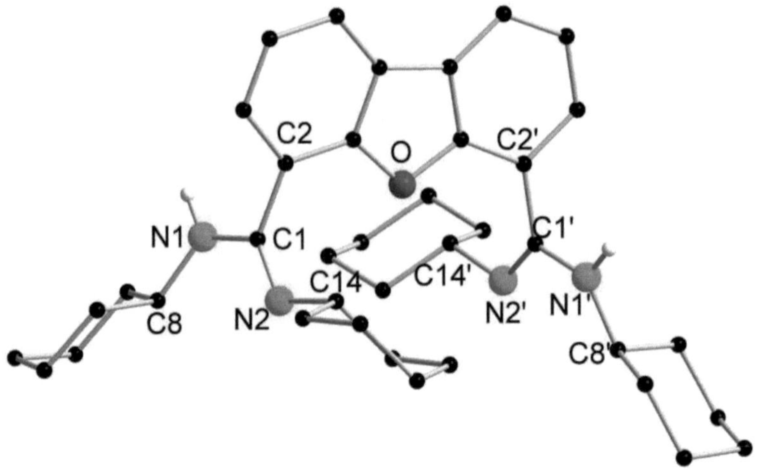

Abb.16: *Molekülstruktur von **2** im Festkörper (ohne Darstellung der Wasserstoffatome mit Ausnahme der Wasserstoffatome der N-H-Bindung). Ausgewählte Abstände [Å] und Winkel [°]: C1-N1 1.377(3), N1-C8 1.454(2), C1-N2 1.276(2), N2-C14 1.466(3), C1-C2 1.506(2), C1-C1' 5.499(2), N1-N2' 5.918(2); C1-N1-C8 123.4(2), C1-N2-C14 119.6(2), N1-C1-C2 111.9(2), N1-C1-N2 120.9(2), N2-C1-C2 127.2(2).*

3 kristallisiert aus Toluol bei Raumtemperatur in der triklinen Raumgruppe $P\bar{1}$ mit zwei Molekülen der Verbindung **3** pro Elementarzelle (Abbildung 17). Die für Verbindung **3** ermittelten Bindungslängen und -winkel liegen im ähnlichen Bereich wie zuvor für Verbindung **2** beobachtet. Zu den heteroallylischen NCN-Einheiten besitzt der verbrückende Spacer Torsionswinkel von 50.2(2)° und 47.0(2)°, welche im Vergleich zu **2** um etwa 20.0(2)° verkleinert sind.

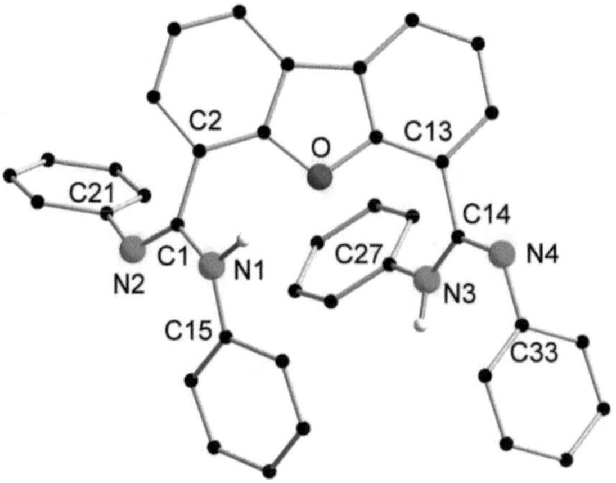

***Abb.17**: Molekülstruktur von **3** im Festkörper (ohne Darstellung der Wasserstoffatome mit Ausnahme der Wasserstoffatome der N-H-Bindung). Ausgewählte Abstände [Å] und Winkel [°]: C1-N1 1.365(2), N1-C15 1.415(2), C1-N2 1.291(2), N2-C21 1.426(2), C1-C2 1.484(2), C14-N3 1.377(2), N3-C27 1.415(2), C14-N4 1.281(2), N4-C33 1.407(2), C13-C14 1.493(2), C1-C14 5.595(1), N1-N4 5.901(2), N2-N3 (5.783(1); C1-N1-C15 128.4(2), C1-N2-C21 117.0(2), N1-C1-C2 117.5(2), N1-C1-N2 117.5(2), N2-C1-C2 118.3(2), C14-N3-C27 126.4(2), C14-N4-C33 123.0(2), N3-C14-C13 114.5(2), N3-C14-N4 120.6(2), N4-C14-C13 124.9(2).*

4 kristallisiert bei Raumtemperatur aus Toluol in der triklinen Raumgruppe *P*1 mit einem Molekül pro Elementarzelle (Abbildung 18). Die beiden chiralen NCN-Einheiten sind wie bei den Verbindungen **2** und **3** *E-syn* konfiguriert und die Bindungsabstände und -winkel liegen im erwarteten Bereich. Der Abstand zwischen den beiden sp^2-hybridisierten Kohlenstoffatomen der NCN-Einheit (C1,C14) beträgt 5.547(3) Å, der mittlere Abstand der entgegengesetzten Stickstoffatome 5.765(3) Å. Die Phenyl-gruppen der Phenylethyl-Einheiten ordnen sich jeweils parallel und senkrecht zur 1,8-Dibenzofuranbrücke an und liegen auf der gleichen Seite der NCN-Ebenen.

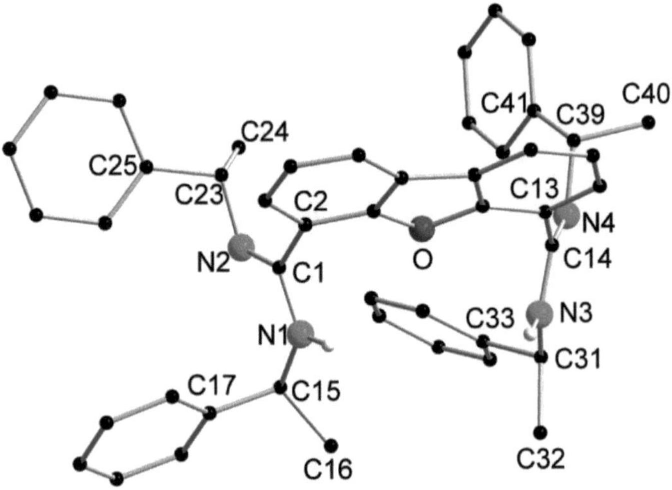

***Abb.18**: Molekülstruktur von **4** im Festkörper (ohne Darstellung der Wasserstoffatome mit Ausnahme der Wasserstoffatome der N-H-Bindung). Ausgewählte Abstände [Å] und Winkel [°]: C1-N1 1.361(3), N1-C15 1.455(3), C15-C16 1.528(5), C15-C17 1.525(3), C1-N2 1.282(2), N2-C23 1.467(3), C23-C24 1.530(3), C23-C25 1.523(3), C1-C2 1.501(3), C14-N3 1.371(3), N3-C31 1.459(2), C31-C32 1.525(3), C31-C33 1.522(3), C14-N4 1.275(2), N4-C39 1.462(3), C39-C40 1.543(3), C39-C41 1.525(3), C13-C14 1.507(3); C1-N1-C15 123.8(2), N1-C15-C17 113.7(2), N1-C15-C16 107.5(2), N1-C1-N2 120.8(2), C1-N2-C23 118.6(2), N2-C23-C24 107.8(2), N2-C23-C25 111.1(2), N1-C1-C2 112.0(2), N2-C1-C2 127.2(2), C14-N3-C31 123.0(2), N3-C31-C32 108.2(2), N3-C31-C33 112.6(2), N3-C14-N4 120.2(2), C14-N4-C39 120.1(2), N4-C39-C40 108.9(2), N4-C39-C41 110.4(2), N3-C14-C13 112.9(2), N4-C14-C13 127.1(2).*

5 kristallisiert bei Raumtemperatur aus DMSO in der triklinen Raumgruppe $P\bar{1}$ mit zwei Molekülen und vier DMSO–Lösungsmittelmoleküle in der Elementarzelle (Abbildung 19). Die beiden NCN-Einheiten sind *E-syn* konfiguriert wie die anderen 1,8-Dibenzofuran verbrückten Bisamidine **2-4**. Die Phenylgruppen der NCN-Einheit ordnen sich unterschiedlich zur 1,8-Dibenzofuranbrücke an. Der Abstand zwischen den beiden sp^2-hybridisierten Kohlenstoffatomen der Amidin-Einheit (C1,C14) beträgt 5.541(5) Å, der mittlere Abstand der entgegengesetzten Amin und Imin Stickstoffatome 5.668(9) Å.

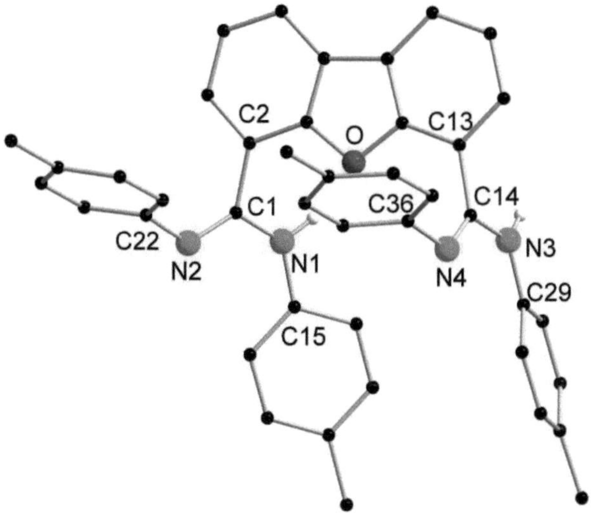

***Abb.19**: Molekülstruktur von **5** im Festkörper (ohne Darstellung der Wasserstoffatome mit Ausnahme der Wasserstoffatome der N-H-Bindung). Ausgewählte Abstände [Å] und Winkel [°]: C1-N1 1.370(4), N1-C15 1.408(4), C1-N2 1.279(4), N2-C22 1.413(4), C14-N3 1.367(4), N3-C29 1.411(4), C14-N4 1.277(4), N4-C36 1.426(4), C1-C2 1.501(5), C13-C14 1.504(4); C1-N1-C15 128.9(3), C1-N2-C22 120.8(3), N1-C1-C2 111.1(3), N1-C1-N2 121.9(3), N2-C1-C2 127.0(3), C14-N3-C29 128.1(3), C14-N4-C36 120.5(2), N3-C14-C13 112.7(3), N3-C14-N4 122.6(3), N4-C14-C13 124.6(3).*

3.1.3. 9,9-Dimethylxanthen verbrückte Bisamidine

Die bislang unbekannten 9,9-Dimethylxanthen verbrückten symmetrischen Bisamidine werden mit den gleichen Carbodiimiden (R: Cy, Ph, (*S*)-PhMe, *p*-Tolyl) wie für die 1,8-Dibenzofuran verbrückten Bisamidine dargestellt. Die Bisamidin Verbindungen 4,5-Bis(dicyclohexylamidino)-9,9-dimethylxanthen ($^{Cy}L_{Xan}H_2$) (**6**), 4,5-Bis(diphenylamidino)-9,9-dimethylxanthen ($^{Ph}L_{Xan}H_2$) (**7**), 4,5-Bis(di-(*S*)-1-phenylethylamidino)-9,9-dimethylxanthen ($^{(S)\text{-}PhMe}L_{Xan}H_2$) (**8**) und 4,5-Bis(di-*p*-tolylamidino)-9,9-dimethylxanthen ($^{p\text{-}Tolyl}L_{Xan}H_2$) (**9**) wurden durch Umsetzung von 9,9-Dimethylxanthen mit 2.4 Äquivalenten *n*-Butyllithium und 2.4 Äquivalenten des entsprechenden Carbodiimids in *n*-Hexan und anschließender Hydrolyse synthetisiert (Abbildung 20). Durch Umkristallisation der Rohprodukte aus den entsprechenden Lösungsmitteln konnten Einkristalle von **6-8** erhalten werden.

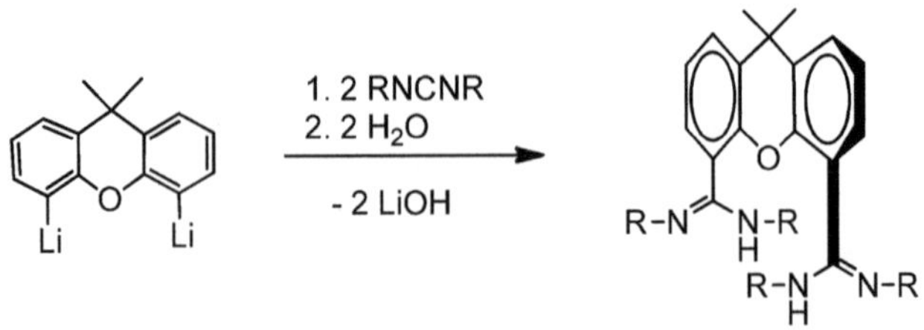

R = Cy (**6**), Ph (**7**), (*S*)-PhMe (**8**), *p*-Tolyl (**9**)

Abb.20: *Synthese der 9,9-Dimethylxanthen verbrückten Bisamidine.*

$^{Cy}L_{Xan}H_2$ (**6**) kristallisiert aus Aceton bei Raumtemperatur nach zwei Tagen in der monoklinen Raumgruppe *C2/c* mit acht Molekülen **6** und vier Aceton-Lösungsmittelmolekülen in der Elementarzelle (Abbildung 21). Die beiden NCN-Einheiten sind *E-syn* konfiguriert. Die Aminbindungen (C1-N1 1.374(3) Å und C17-N3 1.361(4) Å) sowie die Iminbindungen (C1-N2 1.280(3) Å und C17-N4 1.284(3) Å liegen im erwarteten Bereich. Die N-C-N-Bindungswinkel liegen mit 118.5(2)° (N1-C1-N2) und 122.4(2)° (N3-C17-N4) im Bereich für ein sp^2-hybridisiertes Kohlenstoffatom. Die hetero-allylische NCN-Einheit steht senkrecht zur Spacerebene (C1-C2 1.508(2) Å und C16-C17 1.496(2) Å) und liegt im erwartungsgemäßen Bereich einer Einfachbindung. Deswegen kommt es zu keiner Konjugation des polyzyklischen Systems mit der Imindoppelbindung. Die Cyclohexylgruppen ordnen sich sowohl parallel als auch senkrecht zur 9,9-Dimethylxanthenbrücke an. Der Abstand zwischen den beiden sp^2-hybridisierten Kohlenstoffatomen der Amidine (C1,C17) beträgt 4.499(2) Å, der mittlere Abstand der entgegengesetzten Amin und Imin Stickstoffatome 4.4365(4) Å und ist damit signifikant kleiner als bei dem analogen 1,8-Dibenzofuran-Bisamidin **2**.

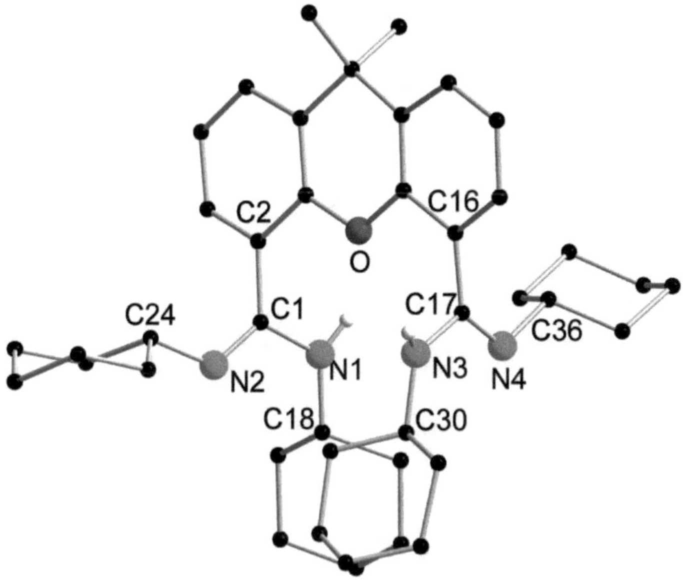

***Abb.21**: Molekülstruktur von **6** im Festkörper (ohne Darstellung der Wasserstoffatome mit Ausnahme der Wasserstoffatome der N-H-Bindung). Ausgewählte Abstände [Å] und Winkel [°]: C1-N1 1.374(3), N1-C18 1.453(2), C1-N2 1.280(3), N2-C24 1.454(3), C17-N3 1.301(4), N3-C30 1.443(3), C17-N4 1.284(3), N4-C36 1.464(3); C1-N1-C18 121.1(1), C1-N2-C24 120.0(2), N1-C1-C2 115.6(2), N1-C1-N2 118.5(2), N2-C1-C2 125.8(2), C17-N3-C30 125.2(2), C17-N4-C36 118.8(2), N3-C17-C16 112.7(2), N3-C17-N4 122.4(2), N4-C17-C16 124.9(2).*

$^{Ph}L_{Xan}H_2$ (**7**) kristallisiert bei Raumtemperatur aus DMSO in der triklinen Raumgruppe $P\bar{1}$ mit vier Molekülen **7** und acht weiteren stark fehlgeordneten DMSO-Lösungsmittelmolekülen in der Elementarzelle (Abbildung 22). Nach der Verfeinerung des Bisamidins **7** konnten zwei DMSO Moleküle in der asymmetrischen Einheit problemlos zugeordnet werden. Anschließend wurde der Datensatz mittels der SQUEEZE Operation des Programmpaketes Platon[88] neu berechnet. Dabei wurde die Elektronendichte der restlichen, stark fehlgeordneten und dadurch nicht verfeinerten Lösungsmittelmoleküle entfernt. Bindungslängen und -winkel sind in guter Übereinstimmung mit Verbindung **6**.

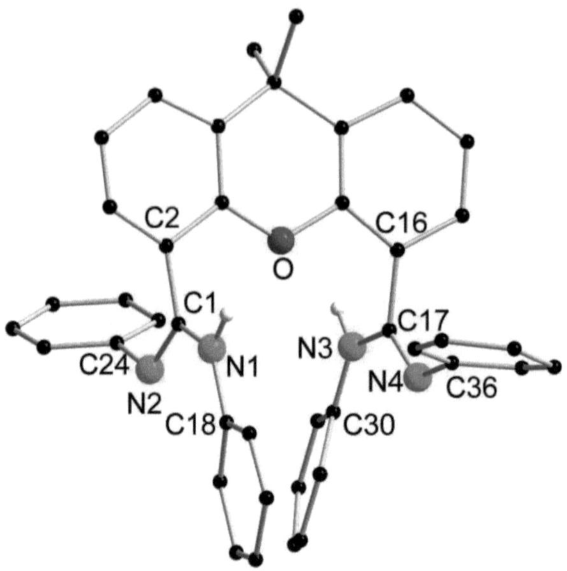

Abb.22: *Molekülstruktur von **7** im Festkörper (ohne Darstellung der Wasserstoffatome mit Ausnahme der Wasserstoffatome der N-H-Bindung). Ausgewählte Abstände [Å] und Winkel [°]: C1-N1 1.344(1), N1-C18 1.430(1), C1-N2 1.293(1), N2-C24 1.410(1), C17-N3 1.350(1), N3-C30 1.411(1), C17-N4 1.296(1), N4-C36 1.401(2); C1-N1-C18 128.1(1), C1-N2-C24 120.8(1), N1-C1-C2 114.7(1), N1-C1-N2 123.6(1), N2-C1-C2 121.5(1), C17-N3-C30 128.3(1), C17-N4-C36 120.8(1), N3-C17-C16 110.3(1), N3-C17-N4 121.9(1), N4-C17-C16 127.8(2).*

$^{(S)\text{-PhMe}}L_{Xan}H_2$ (**8**) kristallisiert bei Raumtemperatur aus Toluol in der orthorhombischen Raumgruppe $P2_12_12_1$ mit vier Molekülen in der Elementarzelle (Abbildung 23). Auch hier sind die Bindungsverhältnisse im Rahmen der Fehlertoleranzen ähnlich zu den Verbindungen **6** und **7**.

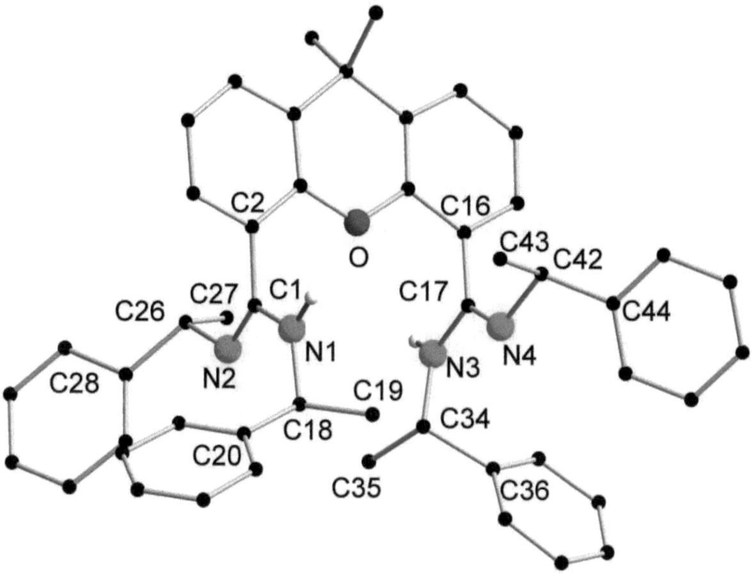

Abb.23: *Molekülstruktur von **8** im Festkörper (ohne Darstellung der Wasserstoffatome mit der Ausnahme der Wasserstoffatome der N-H-Bindung). Ausgewählte Abstände [Å] und Winkel [°]: C1-N1 1.364(1), N1-C18 1.455(1), C18-C19 1.522(1), C18-C20 1.521(1), C1-N2 1.268(1), N2-C26 1.472(1), C26-C27 1,525(1), C26-C28 1.524(1), C17-N3 1.379(2), N3-C34 1.450(1), C34-C35 1.508(2), C34-C36 1.528(1), C17-N4 1.267(1), N4-C42 1.474(2), C42-C43 1.516(3), C42-C44 1.529(5), C1-C2 1.501(3), C16-C17 1.518(3); C1-N1-C18 124.0(5), C19-C18-C20 114.6(2), C1-N2-C26 119.5(2), C27-C26-C28 109.3(3), N1-C1-N2 119.9(2), C17-N3-C34 121.3(3), C35-C34-C36 111.1(3), C17-N4-C42 121.5(3), C43-C42-C44 111.0(3), N3-C17-N4 120.3(3).*

Da keine Einkristalle für $^{p\text{-Tolyl}}L_{Xan}H_2$ (**9**) erhalten werden konnten, wurde das Produkt mittels spektroskopischer und analytischer Methoden charakterisiert. Im ^{1}H-NMR-Spektrum wurden drei charakteristische Signale der Methylgruppen detektiert. Diese Verschiebungen sind für die Methylgruppe der Xanthenbrücke (MeXan) bei δ = 1.39 ppm, für die *p*-Tolylgruppe an der Aminfunktion (MeNH) bei δ = 2.05 ppm und für die Methylgruppe der Iminfunktion (MeN) bei δ = 2.26. Im ^{13}C{^{1}H}-NMR-Spektrum wurden die Signale bei δ = 20.3 ppm (MeNH), 20.6 ppm (MeN) und 32.0 ppm (MeXan) gemessen. Im Massenspektrum kann der Molekülpeak (*m/z* = 654) mit der Intensität von 37 % detektiert werden.

3.1.4. 4,5-Phenanthren verbrücktes Bisamidin

Die Bisamidin-Verbindung 4,5-Bis(dicyclohexylamidino)phenanthren ($^{Cy}L_{Phenan}H_2$) (**10**) wurde durch Umsetzung von 4,5-Phenanthren mit 2.4 Äquivalenten *n*-Butyllithium und 2.5 Äquivalenten DCC in *n*-Hexan und anschließender Hydrolyse synthetisiert (Abbildung 24). Durch Umkristallisation des Rohprodukts aus Dietyhlether konnten Einkristalle von **10** erhalten werden.

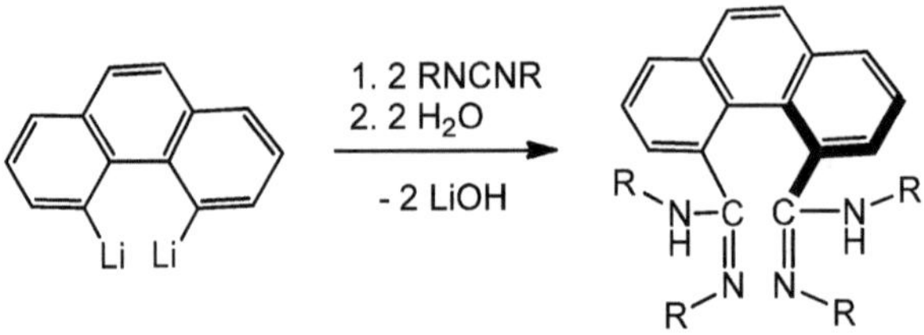

R = Cy (**10**)

Abb.24: *Synthese des 4,5-Phenanthren verbrückten Bisamidin **10**.*

10 kristallisiert in der monoklinen Raumgruppe $P2_1/c$ mit acht Molekülen in der Elementarzelle (Abbildung 25). Die beiden NCN-Einheiten sind *E-syn* konfiguriert. Die Aminbindungen (C15-N1 1.366(2) Å und C16-N3 1.369(2) Å) und die Iminbindungen (C15-N2 1.294(3) Å und C16-N4 1.287(3) Å) weisen typische Bindungslängen für Amidine auf. Die heteroallylische NCN-Einheit steht senkrecht zur aromatischen Spacerebene. Der Abstand zwischen den Amidinat- und *ipso*-Kohlenstoffatomen des polyzyklischen Spacers liegt mit C1-C15 1.514(2) Å und C4-C16 1.515(2) Å im erwarteten Bereich einer C-C-Einfachbindung, weshalb keine Konjugation der π-Systeme vorliegt. Die Cyclohexylgruppen ordnen sich wie bei den Verbindungen **2** und **6** an. Der Abstand zwischen den beiden sp^2-hybridisierten Kohlenstoffatomen der Amine (C15,C16) beträgt 2.843(6) Å, der mittlere Abstand der entgegengesetzten Amin und Imin Stickstoffatome 3.218(6) Å. Die signifikant verkürzten Abstände kommen durch die Substitution an der 4,5-Position der aromatischen Brücke zustande. Im Vergleich zu den Dibenzofuran und 9,9-Dimethylxanthen verbrückten Bisamidinen sind die Abstände der sp^2-hybridisierten Kohlenstoffatome der NCN-Einheit sowie der Stickstoffatome um ca. 1.23 Å (Xan) und ca. 2.28 Å (DBF) verkürzt.

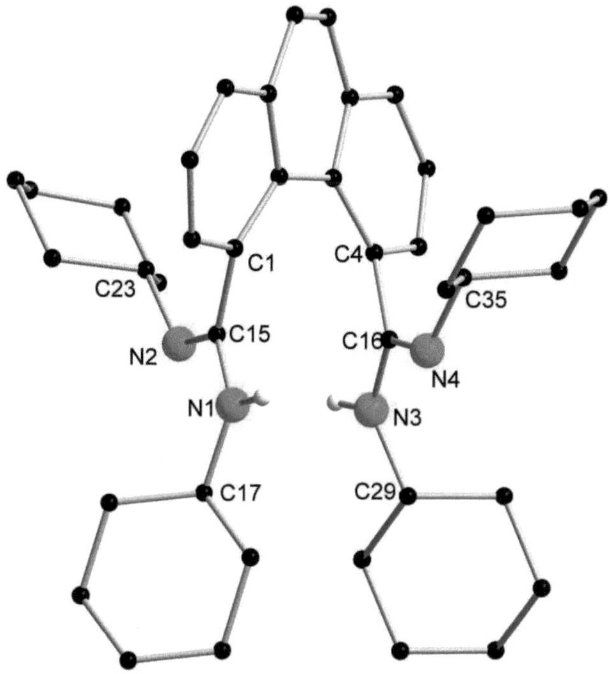

***Abb.25**: Molekülstruktur von **10** im Festkörper (ohne Darstellung der Wasserstoffatome mit Ausnahme der Wasserstoffatome der N-H-Bindung). Ausgewählte Abstände [Å] und Winkel [°]: C15-N1 1.366(2), N1-C17 1.453(2), C15-N2 1.294(3), N2-C23 1.453(2), C16-N3 1.369(2), N3-C29 1.452(3), C16-N4 1.287(3), N4-C35 1.457(2); C15-N1-C17 123.5(2), C15-N2-C23 121.5(2), N1-C15-C1 113.1(2), N1-C15-N2 119.9(2), N2-C15-C1 126.2(2), C16-N3-C29 124.2(2), C16-N4-C35 121.6(2), N3-C16-C4 113.0(2), N3-C16-N4 119.8(2), N4-C16-C4 126.3(2).*

3.1.5. Vergleich der Dibenzofuran und Xanthen verbrückten Bisamidine

Da im Folgenden nur die 1,8-Dibenzofuran und 9,9-Dimethylxanthen basierten Liganden für die Synthese von Seltenerdmetallkomplexen eingesetzt wurden, folgt in Tabelle 2 eine kurze Übersicht wichtiger Bindungsverhältnisse.

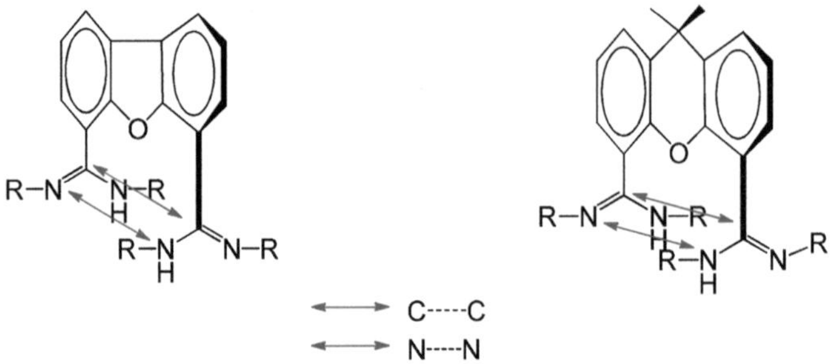

Brücke	Bindungsverhältnisse C···C [Å]	N···N [Å]	Torsionswinkel [°]
1,8-Dibenzofuran			
R = Cy (**2**)	5.50	5.92	69.2
R = Ph (**3**)	5.60	5.78; 5.90	50.2; 47.0
R = (*S*)-PhMe (**4**)	5.55	4.90; 6.63	68.9; 67.6
R = *p*-Tolyl (**6**)	5.45	5.18; 6.16	50.6; 74.2
4,9-Dimethylxanthen			
R = Cy (**6**)	4.50	4.07; 4.80	68.4; 86.4
R = Ph (**7**)	4.50	4.50; 4.58	74.9; 83.5
R = (*S*)-PhMe (**8**)	4.45	4.32; 4.40	84.8; 85.2

***Tabelle 2**: Vergleich der Bindungsverhältnisse der verbrückten Bisamidinen **2-8**.*

Aus Tabelle 2 kann entnommen werden, dass die Abstände in den 1,8-Dibenzofuran verbrückten Bisamidinen signifikant größer sind, was mit der Geometrie zu begründen ist, welche aus dem unterschiedlichen Aufbau der Spacer resultiert.

3.1.6. 1,8-Dibenzofuran verbrückte Bisamidinate

Die Aminfunktion der Bisamidine kann durch geeignete Basen deprotoniert werden. So lässt sich durch Umsetzung mit *n*-Buthyllithium das Lithium-Salz ($^{i\text{-Pr}}L_{Xan}Li_2$) der Verbindung Bis(*i*-propylamidin)-9,9-dimethylxanthen ($^{i\text{-Pr}}L_{Xan}H_2$), wie von *Hagadorn et. al.*[89] publiziert, darstellen. Da Lithiumorganyle bei Salzmetathesereaktionen mit Lanthanoidtrichloriden dazu neigen „at"-Komplexe zu bilden, bei denen sich LiCl in die Koordinationssphäre des Seltenerdmetallkomplexes einlagert, wurde stattdessen das Kaliumsalz von $^{p\text{-Tolyl}}L_{DBF}H_2$ (**5**) dargestellt. Dikalium (*N,N'*-(*p*-tolylamidinato)-1,8-dibenzofuran ($^{p\text{-Tolyl}}L_{DBF}K_2$ (**11**)) wurde durch die Umsetzung von **5** mit zwei Äquivalenten Kaliumhydrid in siedendem THF als leuchtend orangener Feststoff erhalten (Abbildung 26). Führt man die Reaktion bei Raumtemperatur durch, erhält man nur ein öliges Produkt, da die Umsetzung nicht vollständig ist. Das hängt damit zusammen, dass Amidine stark basisch sind und die Deprotonierung dementsprechend nur schwer erfolgt.[90]

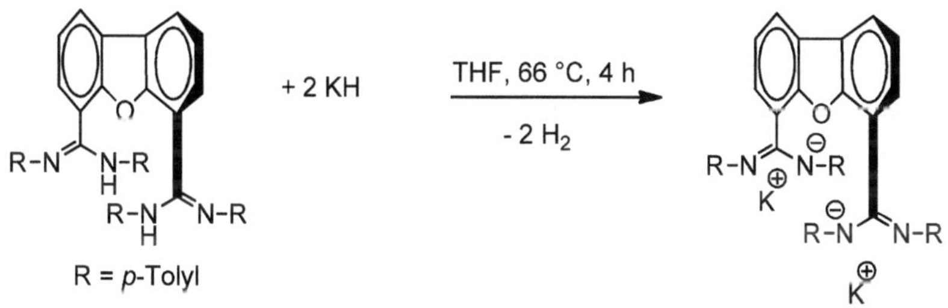

***Abb.26:** Synthese des 1,8-Dibenzofuran verbrückten Bisamidinats **11**.*

Durch die Koordination des Liganden an die Kaliumatome kommt es zu einer Symmetrieerhöhung, wodurch die NMR-Spektren gegenüber dem Neutralliganden **5** deutlich vereinfacht werden. Während im ^{1}H-NMR-Spektrum des Neutralliganden für die zwei Signale der Methylgruppen eine Verschiebung δ = 2.04 ppm und 2.27 ppm detektiert wird, wird für $^{p\text{-Tolyl}}L_{DBF}K_2$ ein Signal bei 2.09 ppm erhalten. Im $^{13}C\{^{1}H\}$-NMR-Spektrum wird das Signal der Methylgruppen bei 21.1 ppm beobachtet und ist gegenüber dem des Neutralliganden um ca. 1 ppm Tieffeld verschoben. Das IR-Spektrum bestätigt ebenfalls die erfolgreiche Synthese.

3.2. Bisamidinatkomplexe der Seltenerdmetalle

Amidinatkomplexe können über drei generelle Synthesemethoden erhalten werden. Die erste Synthesemethode ist die Insertion von Carbodiimiden in eine bereits existierende Metall-Kohlenstoff-Bindung.[91] Die zweite Methode ist die Deprotonierung eines Amidins durch ein Metallalkyl.[92] Als dritte Möglichkeit bietet sich eine Salzmetathesereaktion[93] zwischen einem Metallhalogenid und einen Amidinatsalz an. Obwohl Amidinatliganden schon vor ca. 25 Jahren in die Komplexchemie der Seltenerdmetalle eingeführt und seitdem auch viel erforscht wurden, sind fast keine Ergebnisse mit verbrückten Bisamidinaten veröffentlicht worden. Einzig von *Trifonov et. al.* berichteten bisher über bimetallische Bis(amidinato)komplexe des Yttriums mit silylverbrückten Bisamidinatliganden.[94] Im Folgenden werden die Synthesen und Charakterisierungen von Bisamidinat-Seltenerdmetallkomplexen vorgestellt, die mittels Salzmetathese- und Metallierungsreaktionen dargestellt werden können.

3.2.1. 1,8-Dibenzofuran verbrückte Bisamidinat-Komplexe

Das eigentliche Ziel, bimetallische Lanthanoidkomplexe mit einem verbrückten Liganden im Verhältnis 2:1 (Ln: Ligand) mittels einer Salzmetathese darzustellen, konnte bislang nicht erreicht werden. Stattdessen wurde als Produkt der Reaktion von $LaCl_3$ (2.7 eq.) mit **11** in siedendem THF ein vierkerniger Komplex der Zusammensetzung $[La_4(\mu\text{-}Cl)_4({}^{p\text{-}Tolyl}L_{DBF})_4(THF)_4]$ (**12**) in moderaten Ausbeuten erhalten (Abbildung 27). Im ^{1}H-NMR Spektrum (d_8-THF) wurde ein charakteristisches, breites Signal für die Methylgruppen des Liganden bei $\delta = 1.96$ ppm gemessen. Im ^{13}C{^{1}H}-NMR Spektrum (d_8-THF) wurden die zugehörigen Signale der Methylkohlenstoffatome in einem Peak bei $\delta = 21.5$ ppm beobachtet. Im Massenspektrum konnte der Molpeak nicht detektiert werden, jedoch ließ sich im Spektrum das Ringfragment La_4Cl_4 ($m/z = 697$) mit der Intensität von 2 % zuordnen.

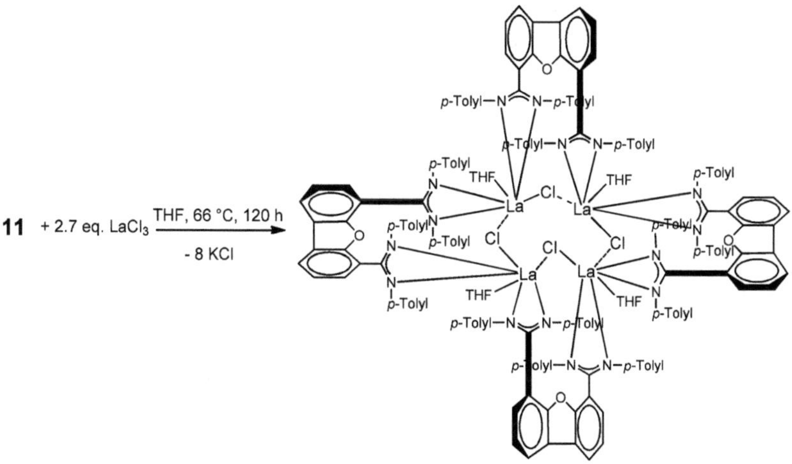

12

Abb.27: *Synthese des verbrückten Bisamidinat-Lanthan-Komplexes **12**.*

Die Verbindung kristallisiert in der triklinen Raumgruppe $P\bar{1}$ mit zwei Molekülen **12** und weiteren stark fehlgeordneten Toluol-Lösungsmittelmolekülen in der Elementarzelle (Abbildung 28). Nach der Verfeinerung des vierkernigen Komplexes **12** konnten zwei Toluolmoleküle problemlos zugeordnet werden. Anschließend wurde der Datensatz mittels der SQUEEZE Routine des Programmpaketes PLATON[88] neu berechnet. Dabei wurde die Elektronendichte der restlichen, stark fehlgeordneten und dadurch nicht verfeinerten Lösungsmittelmoleküle entfernt. Das Lanthanatom wird verzerrt pentagonal-bipyramidal von vier Stickstoffatomen zweier Amidinatgruppen (von zwei unterschiedlichen Liganden), zwei verbrückenden Chloratomen und dem Sauerstoffatom eines THF-Moleküls siebenfach koordiniert umgeben. Betrachtet man die Lathanatome und die Liganden so spannt sich ein 40-gliedriger, vierkerniger Makrozyklus auf. In diesen Makrozyklus befindet sich zusätzlich ein achtgliedriger La_4Cl_4-Ring. Die Lanthan-Stickstoff-Bindungslängen liegen im Bereich von 2.474(7) Å bis 2.563(8) Å. Die Lanthan-Stickstoffwinkel sind im erwarteten Bereich von 51.8(3)° bis 53.9(3)°. Die Bindungen zwischen den N- und C-Atomen der Bisamidinatliganden sind zwischen 1.323(12) Å bis 1.365(12) Å lang. Innerhalb der einzelnen NCN-Einheiten sind die NCN-Bindungslängen identisch. Dies weist auf eine delokalisierte negative Ladung der NCN-Einheit hin. Die N-C-N-Winkel deuten ebenfalls auf ein typisches delokalisiertes System hin, denn die Winkel liegen mit 112.4(9)° bis 116.0(9)° im erwarten Bereich. Diese Ergebnisse der Bindungsverhältnisse sind vergleichbar mit dem chiralen Monobenzamidinatsystem im Lutetiumkomplex[{(*S*)-PEBA$)_2$Lu{N(SiMe$_3)_2$}].[95]

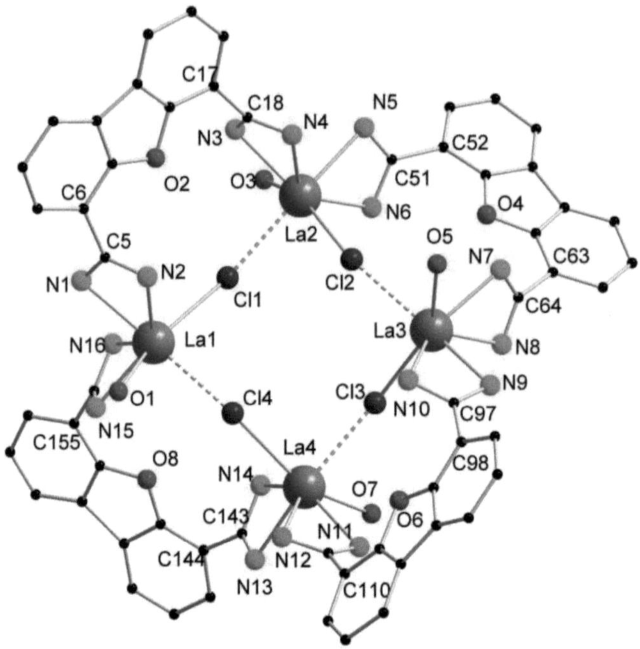

Abb.28: *Molekülstruktur von* **12** *im Festkörper (ohne Darstellung der Wasserstoffatome, der Carbodiimidreste und der THF-Kohlenstoffatome) Ausgewählte Abstände [Å] und Winkel [°]: La1-N1 2.563(8), La1-N2 2.533(8), La2-N3 2.477(8), La2-N4 2.545(10), La2-N5 2.558(7), La2-N6 2.511(8), La3-N7 2.474(7), La3-N8 2.562(8), La3-N9 2.558(8), La3-N10 2.532(9), La4-N11 2.499(8), La4-N12 2.505(9), La4-N13 2.558(8), La1-N14 2.508(8), La1-N15 2.475(8), La1-N14 2.554(10), La1-Cl1 2.869(2), La1-Cl4 2.885(3), La2-Cl2 2.860(3), La2-Cl1 2.898(2), La3-Cl3 2.847(3), La3-Cl2 2.885(3), La4-Cl4 2.864(3), La4-Cl3 2.890(3), N1-C5 1.341(13), N2-C5 1.340(12), N3-C18 1.341(12), N4-C18 1.344(12), N5-C51 1.323(14), N6-C51 1.365(12), N7-C64 1.331(15), N8-C64 1.326(13), N9-C97 1.327(12), N10-C97 1.345(12), N11-C110 1.323(12), N12-C110 1.339(12), N13-C143 1.333(14), N14-C143 1.329(12), N15-C156 1.346(13), N16-C156 1.328(12), La1-O1 2.562(7), La2-O3 2.591(7), La3-O5 2.552(7), La4-O7 2.545(8); N1-La1-N2 52.6(2), N15-La1-N16 53.0(3), N3-La2-N4 53.9(3), N5-La2-N6 53.1(3), N7-La3-N8 53.2(3), N9-La3-N10 52.3(3), N11-La4-N12 52.9(3), N13-La4-N14 51.8(3), N1-C5-N2 114.6(9), N3-C18-N4 116.0(9), N5-C51-N6 114.8(9), N7-C64-N8 116.3(10), N9-C97-N10 114.3(9), N11-C110-N12 113.8(9), N13-C143-N14 112.4(9), N15-C156-N16 114.0(9), La1-Cl1-La2 150.4(1), Cl4-La1-Cl1 88.0(8), La2-Cl2-La3 150.9(1), Cl1-La2-Cl2 86.2(1), La3-Cl3-La4 151.6(2), Cl2-La3-Cl3 85.2(1), La4-Cl4-La1 148.4(1), Cl3-La4-Cl4 84.9(1).*

Die La-Cl-Bindungslängen sind im erwarteten Bereich zwischen 2.847(3) Å bis 2.864(3) Å. Die La-Cl-Abstände zum benachbarten Chloratom liegen im Bereich von 2.885(3) Å bis 2.898(2) Å und sind damit vergleichbar zu der bereits publizierten zweikernigen Verbindung [[(*i*Pr)TP]LaCl(THF)]$_2$.[96] Die La-Cl-La-Winkel im achtgliedrigen Ring betragen zwischen 148.4(1)° bis 151.6(2)°, die korrespondierenden Cl-La-Cl-Winkel zwischen 84.9(1)° und 88.0(8)°. Die La-O-Bindungslängen sind zwischen 2.545(8) Å und 2.591(7) Å lang und damit im erwarteten Bereich.[96]

Um ein katalytisch aktives System zu generieren, werden nun die Chloratome durch eine alternative Abgangsgruppe substituiert. Hierzu werden die entsprechenden Amidoderivate der bimetallischen 1,8-Dibenzofuran verbrückten Bisamidinatkomplexe synthetisiert. So konnten über eine Metallierungsreaktion von **3** oder **5** mit zwei Äquivalenten Tris-*N,N'*-bis(trimethylsilyl)amidolanthanoid ([Ln(BTSA)$_3$]; Ln = La und Sm) Komplexe der Zusammensetzung [La$_2$($^{p\text{-Tolyl}}$L$_{DBF}$)$_2$(BTSA)$_2$] (**13**), [Sm$_2$($^{p\text{-Tolyl}}$L$_{DBF}$)$_2$(BTSA)$_3$] (**14**) und [La$_2$(^{Ph}L$_{DBF}$)$_2$(BTSA)$_3$(THF)$_2$] (**15**) erhalten werden (Abbildung 29). In allen Komplexen werden beide Lanthanoidkationen von jeweils zwei BTSA-Liganden koordiniert. Die alternative Synthese von **13** über eine Salzmetathese von **12** und Kalium-Bis(trimethylsilyl)amid (KBTSA) war dagegen nicht erfolgreich.

Die ^{1}H- und ^{13}C{^{1}H}-NMR-Spektren von **13** und **15** in *d*$_8$-THF zeigen die erwarteten Signale. In den EI-Massenspektren von **15** konnten keine Molekülpeaks detektiert werden, allerdings Massenpeaks von charakteristischen Fragmenten.

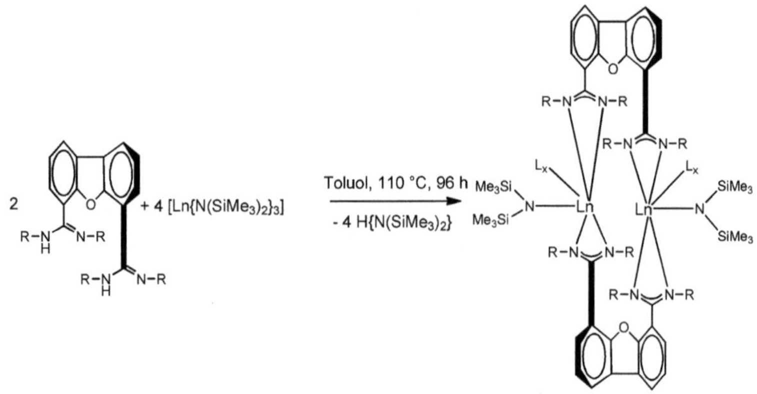

R = Ph (**3**), *p*-Tolyl (**5**)
Ln = La, Sm

R = *p*-Tolyl; Ln = La, x = 0 (**13**)
R = *p*-Tolyl; Ln = Sm, x = 0 (**14**)
R = Ph; Ln = La, x = 1 (**15**)
L = THF

Abb.29: *Synthese der 1,8-Dibenzofuran verbrückten Bisamidinat-Lanthanoid-Komplexe.*

Kristalle von **13**, die für eine Einkristallröntgenstrukturanalyse geeignet sind, können aus einer heißen gesättigten Toluollösung erhalten werden. Bei der Verfeinerung des zweikernigen Komplexes **13** konnten aufgrund sehr starker Fehlordnung keine Toluolmoleküle verfeinert werden. Deshalb wurde der Datensatz mittels der SQUEEZE Routine des Programmpaketes PLATON[88] neu berechnet und dabei die Elektronendichte nicht verfeinerten Lösungsmittelmoleküle entfernt. Die Verbindung kristallisiert in der triklinen Raumgruppe $P\bar{1}$ mit vier Molekülen **13** in der Elementarzelle. In Abbildung 30 wird nur ein Molekül der Verbindung **13** der asymmetrischen Einheit dargestellt und stellvertretend dessen Bindungsverhältnisse diskutiert. Beide Lanthanatome der molekularen Einheit sind jeweils fünffach von Stickstoffatomen koordiniert (von zwei unterschiedlichen Bisamidinatgruppen der DBF-Liganden und einer BTSA-Gruppe) und bilden mit dem Bisamidinliganden und den BTSA-Gruppen einen 20-gliedrigen Metallazyklus. Die Stickstoffatome koordinieren dabei verzerrt quadratisch-pyramidal an das Metallatom. Die La-N-Bindungslängen der Amidinatgruppen liegen im Bereich von 2.442(2) Å (La2-N5) bis 2.548(2) Å (La1-N1) und entsprechen denen in Verbindung **12**. Die La-N-Abstände zur BTSA Gruppe betragen 2.307(2) Å (La1-N9) und 2.306(2)Å (La2-N10). Die N-La-N-Bisswinkel betragen zwischen 52.7(1)°(N7-La1-N8) und 53.5(1)° (N3-La2-N4), die NCN-Bindungsabstände liegen analog zur Verbindung **12** zwischen 1.313(1) Å (N4-C14) und 1.348(1) Å (N3-C14). Die N-C-N-Winkel liegen zwischen

112.0(2)° (N5-C40-N6) und 116.4(2)° (N3-C14-N4). Der Abstand zwischen den Lanthanatomen beträgt 7.688(1) Å.

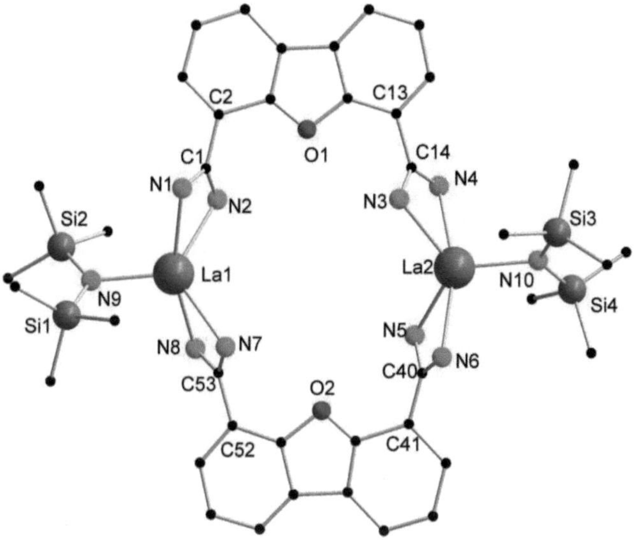

Abb.30: *Molekülstruktur von dem diskutierten Molekül **13** im Festkörper (ohne Darstellung der Wasserstoffatome und der Carbodiimidreste). Ausgewählte Abstände [Å] und Winkel [°]: La1-N1 2.548(1), La1-N2 2.477(2), La2-N3 2.493(1), La2-N4 2.527(1), La2-N5 2.442(2), La2-N6 2.532(2), La1-N7 2.517(2), La1-N8 2.513(2), La1-N9 2.307(2), La2-N10 2.306(2), N1-C1 1.315(1), N2-C1 1.333(1), N3-C14 1.348(1), N4-C14 1.313(1), N5-C40 1.344(1), N6-C40 1.321(1), N7-C53 1.314(1), N8-C53 1.324(1), C1-C2 1.487(1), C13-C14 1.505(1);C40-C41 1.420(1), C52-C53 1.479(1); N1-La1-N2 53.1(1), N3-La2-N4 53.5(1), N5-La2-N6 52.7(1), N7-La1-N8 52.7(2), N1-C1-N2 116.1(2), N3-C14-N4 116.4(2), N5-C40-N6 112.0(2), N7-C53-N8 115.6(2).*

Die Samariumverbindung kristallisiert in der monoklinen Raumgruppe $P2_1/n$ mit vier Molekülen **14** des Komplexes in der Elementarzelle (Abbildung 31). Der zweikernige Komplex besteht analog zu **13** ebenfalls aus einem 20-gliedrigen Metallazyklus. Die Samariumatome sind jeweils fünffach verzerrt quadratisch-pyramidal von den Stickstoffatomen der Liganden koordiniert (von zwei unterschiedlichen DBF-Liganden und einer BTSA-Gruppe). Aufgrund der schlechten Qualität der Einkristalle, die ebenfalls aus einer heißgesättigten Toluollösung anfielen, wird auf eine Diskussion der Bindungslängen und -winkel verzichtet (R_{int} = 0.232) und nur die Darstellung der

Molekülstruktur im Festkörper gezeigt (Abbildung 31). Die Daten der Elementaranalysen weisen auf eine identische Zusammensetzung ohne weitere Lösungsmittel hin.

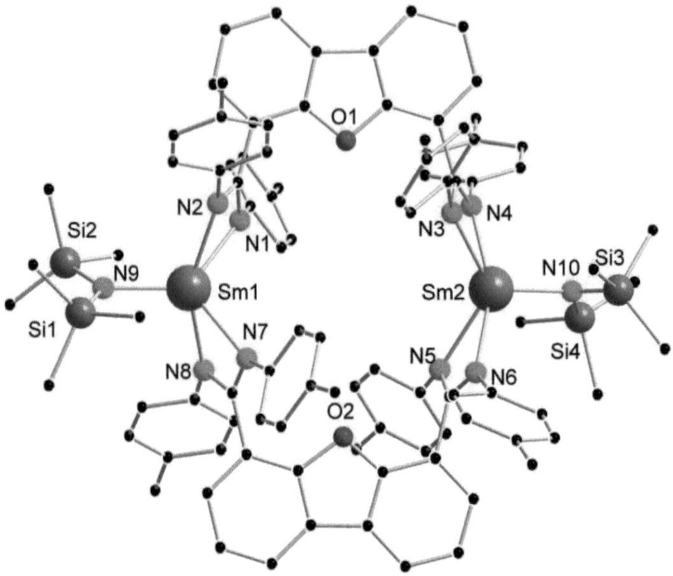

Abb.31: *Festkörperstruktur von **14** ohne Darstellung der Wasserstoffatome.*

Kristalle von **15**, die für eine Einkristallröntgenstrukturanalyse geeignet sind, können aus einer heißen gesättigten Toluol/THF-Mischung (2:1) erhalten werden. Die Verbindung kristallisiert in der monoklinen Raumgruppe *C2/c* mit vier Molekülen **15** sowie vier Toluolmolekülen in der Elementarzelle. Die Lanthanatome sind jeweils sechsfach, stark verzerrt oktaedrisch, von fünf Stickstoffatomen (zwei unterschiedliche Amidinat-gruppen der DBF-Liganden und eine BTSA-Gruppe) sowie einem Sauerstoffatom eines THF-Moleküls koordiniert. Die La-N-Bindungsabstände der Amidinatgruppen liegen im Bereich von 2.526(3) Å (La1-N4) bis 2.580(2) Å (La1-N3) und entsprechen somit Verbindung **11**. Der La-N-Abstand (La1-N5) zur BTSA Gruppe beträgt 2.376(3) Å, der La-O-Abstand 2.580(3) Å. Die N-La-N-Bisswinkel der Amidinatgruppen liegen zwischen 52.2(4)° (N1-La1-N2) und 52.2(4)° (N3-La1-N4). Die N-C-Bindungen innerhalb der Amidinatgruppen sind zwischen 1.329(4) Å (N4-C14) und 1.336(4) Å (N3-C14) lang und entsprechen damit denen von Verbindung **12**. Die N-C-N-Winkel liegen zwischen 115.2(3)° (N1-C1-N2) und 115.0(3)° (N3-C14-N4). Der Abstand zwischen beiden Metallatomen beträgt 7.785(1) Å. Im Vergleich zu Verbindung **13** ist der La-La-Abstand aufgrund der erhöhten Koordinationszahl um ca. 0.1 Å vergrößert.

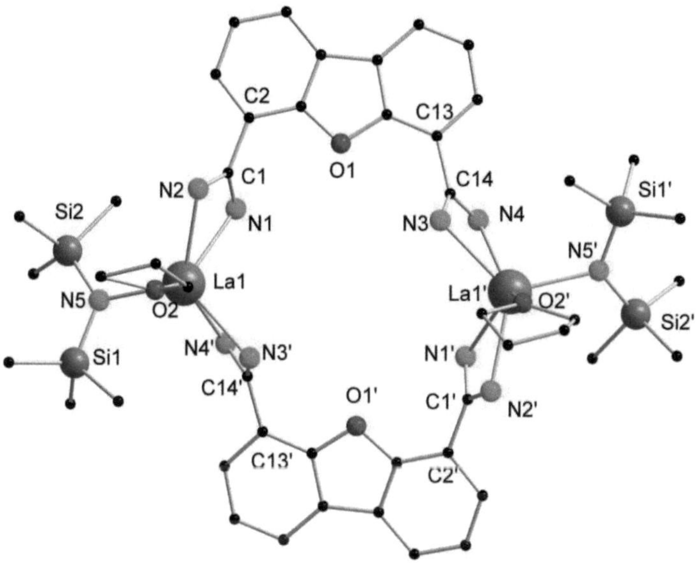

***Abb.32**: Molekülstruktur von **15** im Festkörper (ohne Darstellung der Wasserstoffatome und der Carbodiimidreste). Ausgewählte Abstände [Å] und Winkel [°]: La1-O2 2.580(3), La1-N1 2.545(3), La1-N2 2.573(3), La1-N3 2.580(2), La1-N4 2.526(3), La1-N5 2.376(3), N1-C1 1.334(4), N2-C1 1.335(4), N3-C14 1.336(4), N4-C14 1.329(4), C1-C2 1.495(4), C13-C14 1.505(4); N1-La1-N2 52.2(1), N4-La1-N3 52.2(1), N1-C1-N2 115.2(3), N4-C14-N3 115.0(3).*

3.2.2. 9,9-Dimethylxanthen verbrückte Bisamidinat-Komplexe

Über eine Metallierungsreaktion von **6** oder **7** mit einem Äquivalent [Ln(BTSA$_3$] (Ln = La und Eu) bzw. zwei Äquivalenten Yttrium(*N,N'*-Dimethyl)benzylamin [Y(DMBA)$_3$] konnten die 9,9-Dimethylxanthenverbrückten Komplexe [La($^{Cy}L_{Xan}$)(BTSA)}] (**16**), [Eu$_2$($^{Ph}L_{Xan}$)$_3$(THF)$_2$] (**17**) und [Y$_2$($^{Cy}L_{Xan}$)$_3$] (**18**) dargestellt werden (Abbildungen 33, 36 und 38). Im Falle des großen Lanthankations (R = 0.117 Å bei KZ von 6)[97] wird ein einkerniger Bisamidinatkomplex **16** erhalten, bei den kleineren Lanthanoidkationen des Europiums (R = 0.115 Å bei KZ von 7)[97] und Yttriums (R = 0.104 Å bei KZ von 6)[97] bilden sich die zweikernigen Tris(bisamidinat)komplexe **17** und **18** (Abbildung 36 und 38).

Die Synthese von **16** gelang durch eine Metallierungsreaktion von [La(BTSA)$_3$] und **6** in Toluol bei 90 °C über einen Zeitraum von sechs Tagen (Abbildung 33). Auf eine Umsetzung von [La(BTSA)$_3$] zu Ligand im Verhältnis 2:1 wurde verzichtet, da im analogen Fall bei den verbrückten 1,8-Dibenzofurane nur 1:1-Verbindungen erhalten wurden.

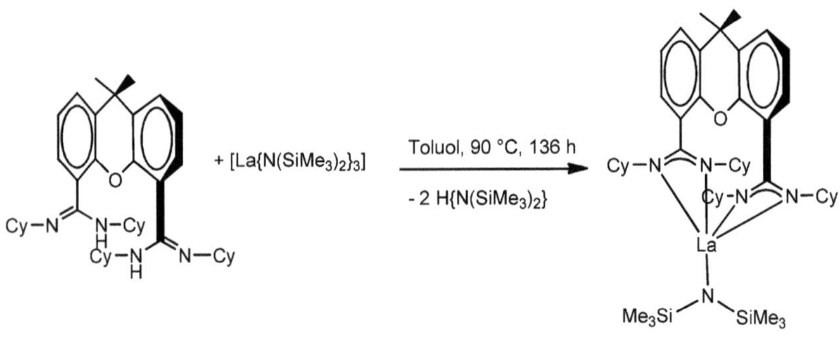

6 **16**

Abb.33: *Synthese des 9,9-Dimethylxanthen verbrückten einkernigen Bisamidinat-Lanthanoid-Komplexes* ***16****.*

Einkristalle von **16** können durch Einengen einer gesättigten Toluollösung erhalten werden. Die Verbindung kristallisiert in der monoklinen Raumgruppe *Cc* mit zwölf Molekülen **16** und vier Toluolmolekülen in der Elementarzelle. Die Verbindung lässt sich auch in der Raumgruppe *C2/c* lösen, jedoch liegen dann die Gütefaktoren außerhalb der akzeptablen Grenzwerte. In Abbildung 34 wird nur ein Molekül der

Verbindung **16** der asymmetrischen Einheit dargestellt und stellvertretend dessen Bindungsverhältnisse diskutiert. Das Lanthanatom ist von fünf Stickstoffatomen (alle Stickstoffatome des Xanthenliganden und einer BTSA-Gruppe) verzerrt quadratisch-pyramidal koordiniert und bildet einen zehngliedrigen Metallazyklus. Die La-N-Bindungsabstände zu den Bisamidinat-gruppen betragen zwischen 2.470(1) Å und 2.577(1) Å. Die N-La-N-Bisswinkel liegen im Bereich von 53.2(2)° und 53.9(2)°. Die BTSA-Gruppe steht *ekliptisch* zu dem verbrückenen 9,9-Dimethylxanthen-Bisamidinatliganden mit einem La-N5-Abstand von 2.394(1) Å. Dieser Abstand ist im Vergleich zu einem von *Hultzsch et. al.* beschriebenen pentakoordinierten Bis(β-diketiminato)lanthankomplex um 0.031 Å verkürzt.[98]

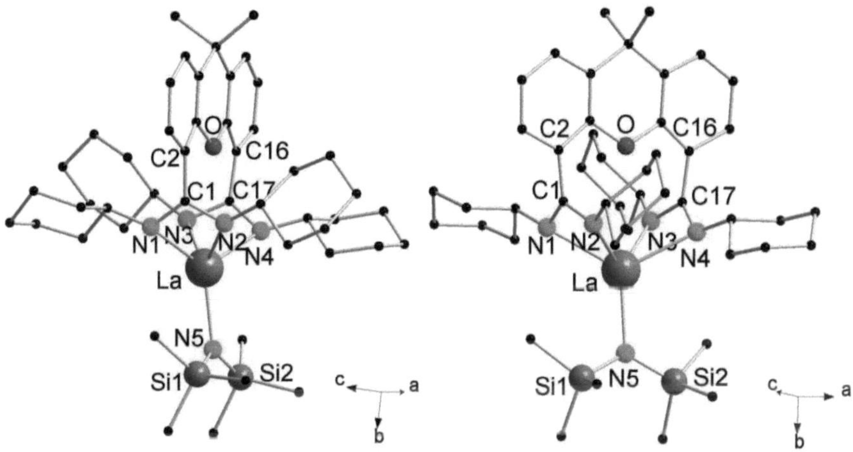

Abb.34: *Festkörperstruktur von dem diskutierten Molekül* ***16*** *ohne Darstellung der Wasserstoffatome. (links: Sicht auf die Bisamidinatebene; rechts: Sicht senkrecht zur Bisamidinatebene) Ausgewählte Abstände [Å] und Winkel [°]: La-N1 2.470(1), La-N2 2.577(1) La-N3 2.554(1), La-N4 2.483(1), La-N5 2.394(1), C1-N1 1.353(1), C1-N2 1.343(1), C14-N3 1.305(1), C14-N4 1.385(1); N1-La-N2 53.2(2), N3-La-N4 53.9(2), N1-C1-N2 116.3(4), N3-C14-N4 114.0(4).*

Dr. Paul Benndorf aus unserer Arbeitsgruppe konnte 2011 zeigen, dass sich der chirale Benzamidinatkomplex [{(*S*)-PEBA}$_2$Lu{N(SiMe$_3$)$_3$] als Katalysator für die intramolekulare Hydroaminierung an C-C-Mehrfachbindungen eignet.[95] So lag es nahe, analog dazu Komplex **16** auf seine katalytische Aktivität als Katalysator hin zu untersuchen. Dazu wurde in Kooperation mit Frau Dr. Anja Lühl aus unserer

Arbeitsgruppe ein Testansatz durchgeführt (Abbildung 35), der **16** eine hohe Aktivität für eine intramolekulare Hydroaminierung aufzeigt (quantitative Umsetzung nach 30 Minuten bei Raumtemperatur, 2.5 mol% Beladung). Mit [{(*S*)-PEBA}$_2$Lu{N(SiMe$_3$)$_3$] wurde in derselben Reaktion eine Ausbeute von 92 % nach 9 Stunden bei 60 °C erreicht (5 mol% Beladung). Weitere Untersuchungen stehen noch aus.

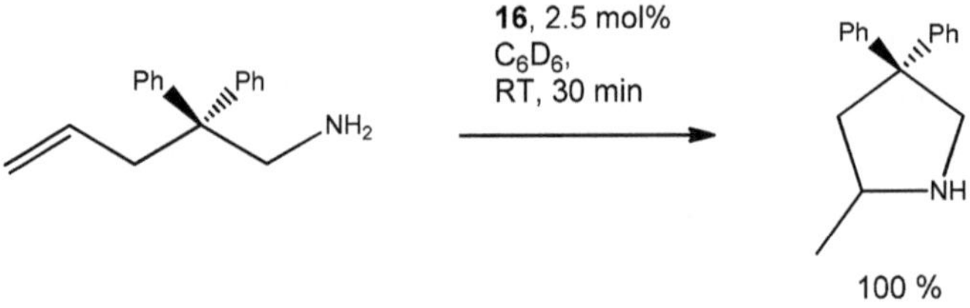

Abb.35: *Testansatz für **16** als Hydroaminierungskatalysator.*

Eine Derivatisierung von **7** mit [Eu(BTSA)$_3$] bei einer Reaktionstemperatur von 85 °C in Toluol führt innerhalb von 20 Stunden zum zweikernigen Komplex [Eu$_2$(^{Ph}L$_{Xan}$)$_3$(THF)$_2$] (**17**), welcher nun insgesamt drei Bisamidinatliganden enthält (Abbildung 36).

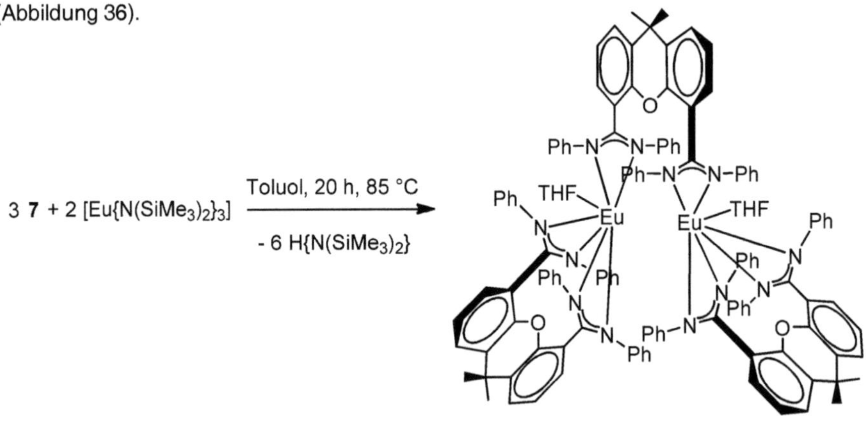

17

Abb.36: *Synthese des 9,9-Dimethylxanthen verbrückten Tri-bisamidinat-dieuropium-Komplexes **17**.*

Die Verbindung kristallisiert aus THF/*n*-Pentan in der triklinen Raumgruppe $P\bar{1}$ mit zwei Molekülen von **17** und drei THF-Molekülen in der Elementarzelle. In Abbildung 37 wird nur ein Molekül der Verbindung **17** der asymmetrischen Einheit dargestellt.

Die Europiumatome sind jeweils siebenfach von sechs Stickstoffatomen der Amidinatgruppen und dem Sauerstoffatom eines THF-Moleküls koordiniert und bilden somit zwei zehngliedrige Metallazyklen. Aufgrund der schlechten Kristallqualität war nur eine eingeschränkte Verfeinerung der Struktur möglich (R_{int} = 0.332), weshalb auf eine Diskussion der Bindungslängen und -winkel verzichtet wird.

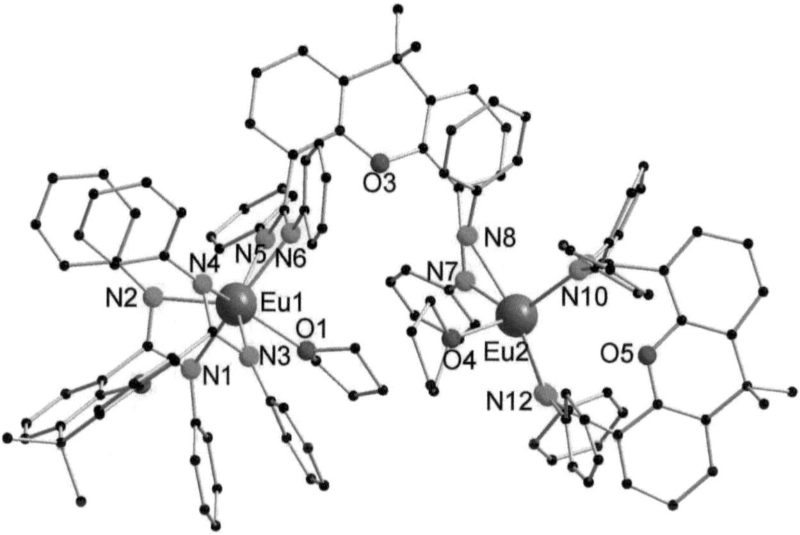

***Abb.37:** Festkörperstruktur von **17** ohne Darstellung der Wasserstoffatome*

Um eine ähnliche Verbindung ([Y_2($^{Cy}L_{Xan}$)$_3$]) **18** mit dem Spacer 9,9-Dimethylxanthen und dem aliphatischen Rest Cy darzustellen, wurden bei verminderter Temperatur [Y(DMBA)$_3$] (Yttrium(*N,N'*-Dimethyl)benzylamin) und **6** umgesetzt. Hier erfolgte die Reaktion im stöchiometrischen Verhältnis von Ligand zu Arylkomplex von 3:2 bei 44 °C (Abbildung 38).

Durch die Koordination des Liganden an die Yttriumatome werden die detektierten Signale im ^{1}H-NMR-Spektrum in d_8-THF signifikant ins Tieffeld verschoben. Während im ^{1}H-NMR-Spektrum des Neutralliganden eine chemische Verschiebung von δ = 2.13 ppm für die Protonen der Methylgruppen detektiert wird, werden diese Signale für den Komplex bei δ = 1.79 ppm gemessen. Im ^{13}C{^{1}H}-NMR-Spektrum wird das

Signal der Methylgruppen bei δ = 23.8 ppm detektiert und ist gegenüber dem des Neutralliganden um ca. 0.3 ppm ins Tieffeld verschoben.

Die Verbindung kristallisiert aus THF/*n*-Pentan in der monoklinen Raumgruppe *C2/c* mit vier Molekülen **18** und mehreren THF-Molekülen in der Elementarzelle (Abbildung 39). Bei der Strukturlösung des zweikernigen Komplexes **18** konnten die THF-Moleküle aufgrund sehr starker Fehlordnung nur mit unzureichenden Gütefaktoren verfeinert werden. Deshalb wurde der Datensatz mittels der SQUEEZE Operation des Programmpaketes Platon[88] komplett solventfrei verfeinert.

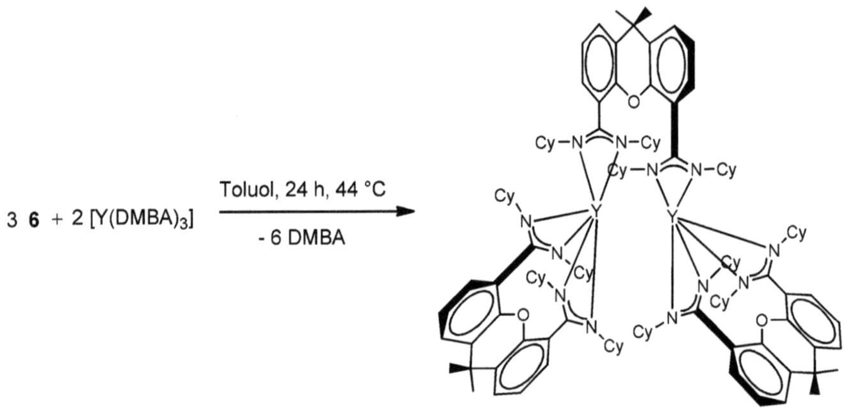

18

Abb.38: *Synthese des 9,9-Dimethylxanthen verbrückten Tri-bisamidinat-diyttrium-Komplexes* ***18****.*

Die Yttriumatome sind jeweils sechsfach von vier Stickstoffatomen zweier Bisamidinateinheiten eines terminalen Liganden und zwei Stickstoffatomen einer Bisamidinateinheit eines verbrückenden Liganden koordiniert. Die Y-N-Bindungslängen betragen zwischen 2.302(6) Å und 2.404(6) Å. Die N-Y-N-Bisswinkel liegen zwischen 56.6(2)° (N3-Y-N4) und 57.0(2)° (N1-Y-N2). Die N-C-Bindungen der Amidinate sind zwischen 1.301(10) Å (N4-C14) und 1.353(9) Å (N2-C1) lang und entsprechen damit Verbindung **12**. Die N-C-N-Winkel liegen zwischen 113.8(6)° (N1-C1-N2) und 115.7(6)° (N3-C14-N4). Der Abstand zwischen den beiden Yttriumatomen beträgt 7.920(1) Å.

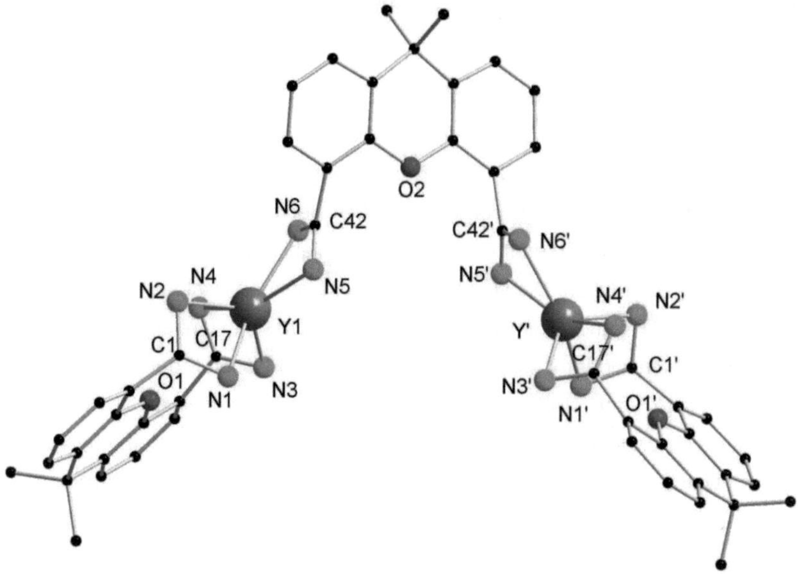

Abb.39: *Festkörperstruktur von* ***18*** *(ohne Darstellung der Wasserstoffatome und der Carbodiimidreste). Ausgewählte Abstände [Å] und Winkel [°]: N1-Y 2.404(6), N2-Y 2.337(5), N3-Y 2.302(6), N4-Y 2.417(5), N5-Y 2.362(5), N6-Y 2.342(5), C1-N1 1.346(9), C1-N2 1.353(9), C14-N3 1.345(9), C14-N4 1.301(10), C42-N5 1.308(9), C42-N6 1.344(10); N1-Y-N2 57.0(2), N3-Y-N4 56.6(2), N5-Y-N6 56.6(2), N1-C1-N2 113.8(6), N3-C14-N4 115.7(6), N5-Y-N6 114.7(7).*

3.3. Synthese der pyridinbasierten Liganden

Die anschließenden Arbeiten beziehen sich auf das Kapitel 1.3. der Einleitung.
Das Ziel der Experimente, die in diesem Abschnitt beschrieben wurden, war es, die Komplexbildung von dmpbipy- und C5-BPP-Liganden mit dreiwertigen minoren Actinoiden und Lanthanoiden unter prozessrelevanten Bedingungen zu untersuchen und hieraus grundlegende Erkenntnisse über die Triebkraft der Selektivität auf molekularer Ebene zu erhalten. Die Darstellung dieser Liganden lässt sich direkt von der Synthese der BTP- und BTBP-Liganden ableiten. Diese Liganden sind unter prozessrelevanten Konditionen hydrolysestabil und selektiv, wodurch deren schnelle Massentransferkinetik den Einsatz im SANEX-Prozess ermöglicht. Um die Selektivität der etablierten symmetrischen BTP- und BTBP-Ligandensysteme besser zu verstehen, wurden zwei modifizierte Ligandensysteme synthetisiert, die sich von den BTP Gerüsten ableiten. Bei diesen handelt es sich um ein unsymmetrisches Bipyridinderivat (6-(3,5-Dimethyl-1*H*-pyrazol-1-yl)-2,2'-bipyridin (dmpbipy) (**19**)) mit einem Pyrazolylring und um ein symmetrisches Bispyrazolylpyridinderivat (2,6-Bis-(5-(2,2'-dimetyhlpropyl)-1*H*-pyrazol-3-yl)-pyridin (C5-BPP) (**20**)). Dmpbipy und C5-BPP stellen neue Ligandenklassen dar, welche bezüglich ihrer Extraktions- und Komplexierungseigenschaften untersucht wurden. Aus diesem Grund sollte das Koordinationsverhalten der beiden Liganden **19** und **20** mit den trivalenten minoren Actinoiden Americium und Curium und den Lanthanoiden Samarium und Europium unter prozessrelevanten Bedingungen untersucht werden.

3.3.1. Synthese von dmpbipy[1]

Das Bipyridinderivat **19** ist ein *N*-Donor Chelatligand, der im Vergleich zu BTP geringfügig modifiziert wurde. **19** besteht aus drei verknüpften aromatischen *N*-Heterozyklen. Im Gegensatz zu BTP, sind die Triazinringe durch je eine Pyridin- und Pyrazolfunktion substituiert. Damit einher geht die Verringerung der Anzahl der Stickstoffatome im Ligandensystem.

[1] mit Genehmigung von D. Girnt, P. W. Roesky, A. Geist, C. M. Ruff, P. J. Panak, M. A. Denecke, Inorg. Chem. 2010, 49, 9627-9635.

19 (Abbildung 40) wurde über eine modifizierte Vorschrift nach *Steel et al.*[99] und *Winter et al.*[100] dargestellt. Es wird über eine Salzmetathesereaktion von 6-Bromo-2,2'-bipyridin mit Kalium-3,5-dimethylpyrazolat synthetisiert. Das Reaktionsgemisch wurde für fünf Tage in Diglyme zum Rückfluss erhitzt. Das Bipyridin **19** kann nach Umkristallisation aus *n*-Pentan in einer Ausbeute von 81 % analysenrein erhalten werden.

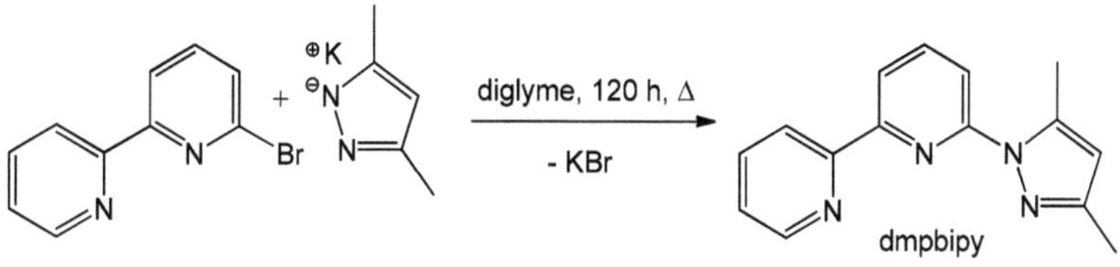

19

Abb.40: *Synthese von dmpbipy **19**.*

Der Ligand wurde mittels ^{1}H- und ^{13}C{^{1}H}-NMR-Spektroskopie charakterisiert. Die detektierten Signale stimmen mit den Literaturwerten überein. Die Aufklärung der Molekülstruktur im Festkörper (Abbildung 41) erfolgte mittels Einkristallröntgen-strukturanalyse. Dmpbipy (**19**) kristallisiert aus *n*-Pentan in der orthorhombischen Raumgruppe $P2_12_12_1$ mit vier Molekülen pro Elementarzelle. Die Molekülstruktur im Festkörper ist innerhalb der Fehlertoleranzen mit Ausnahme der Methylgruppe C15 fast planar.

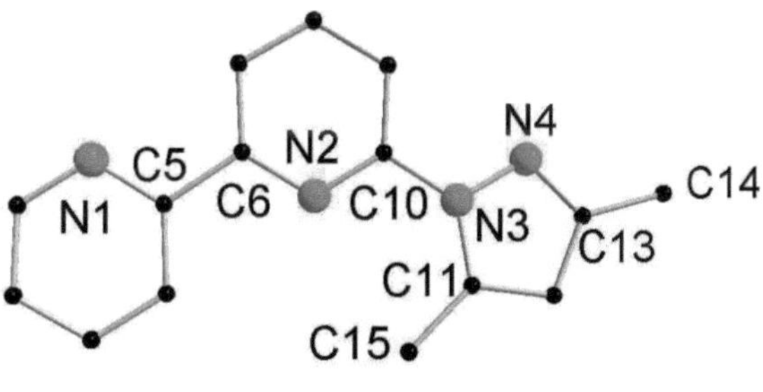

Abb.41*: Molekülstruktur von **19** im Festkörper (ohne Darstellung der Wasserstoffatome). Ausgewählte Abstände [Å] und Winkel [°]: C5-N1 1.346(2), C6-N2 1.347(2), C10-N2 1.322(2), C10-N3 1.417(2), C11-N3 1.381(2), C11-C15 1.490(2), N3-N4 1.371(2), N4-C13 1.321(2), C13-C14 1.496(2); N1-C5-C6 116.4(1), N2-C6-C5 116.1(1), C6-N3-C10 117.9(2), N2-C10-N3 116.4(1), C10-N3-C11 120.0(1), C10-N3-C13 118.2(1), N3-C11-C15 126.0(1), N4-C13-C14 120.4(1).*

3.3.2. Bispyrazolylpyridin (C5-BPP)

2,6-Bis-(5-(2,2'-dimetyhlpropyl)-1*H*-pyrazol-3-yl)-pyridin (C5-BPP) (**20**) wurde am Institut für Nukleare Entsorgung synthetisiert.[101-104] **20** wird in drei Reaktionsschritten (Abbildung 42) dargestellt. Zunächst wird Pyridin-2,6-dicarbon-säure in den korrespondierenden Diethylester (**D**) überführt. In einer anschließenden Claisenkondensation wird dieser mit 4,4-Dimetyhlpentan-2-on in der Anwesenheit von Natriummethanolat zum entsprechenden β-Hydroxyketon (**E**) umgesetzt. Ohne weitere Aufreinigung wird dieses mit Hydrazinmonohydrat zu C5-BPP **20** umgesetzt und kann in guten Ausbeuten erhalten werden. Die Reinheit der Verbindung **20** wird durch ^{1}H- und ^{13}C{^{1}H}-NMR-Spektroskopie bestimmt.

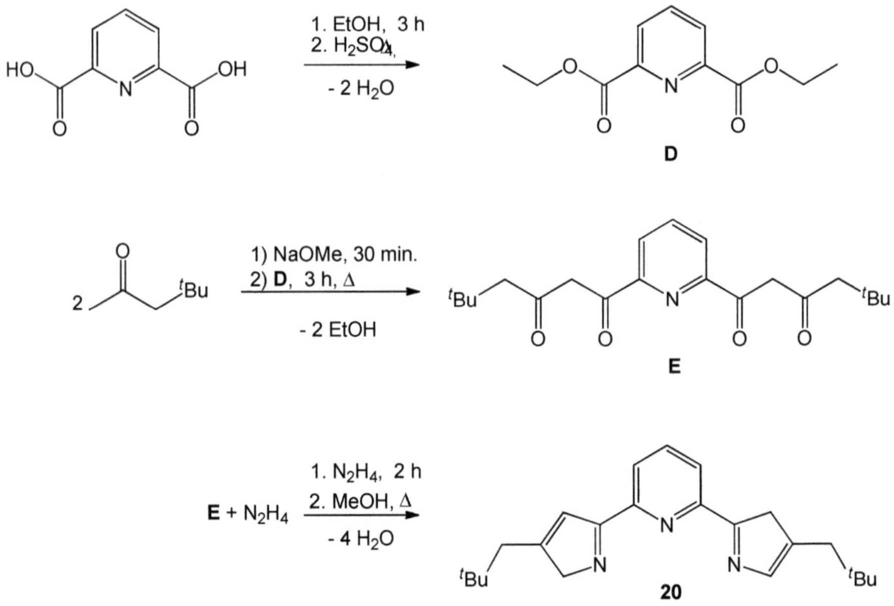

Abb.42: *Synthese von C5-BPP **20**.*

3.4. Synthese der Lanthanoidkomplexe auf pyrindinbasierenden Liganden[2,3]

3.4.1. Dmpbipy-Komplexe mit Eu(III) und Sm(III)

Einige Übergangsmetallkomplexe des dmpbipy Liganden wie $[PtI(Me)_3(dmpbipy)]$[105] und $[ReBr(CO)_3(dmpbipy)]$[106] sind bekannt. In diesen Verbindungen agiert der dmpbipy als bidentater Ligand. Verbindungen mit f-Block-Elementen sind bisher unbekannt.

Eine 3:1 Mischung von dmpbipy mit $[Eu(NO_3)_3\cdot 6H_2O]$ in THF, Dichlormethan und Ethanol wurde für zwölf Stunden bei erhöhter Temperatur erhitzt. Als Resultat erhält man jedoch keinen Komplex mit drei Liganden, wie mit dem BTP Liganden[73,74] für Samarium beobachtet. Stattdessen wird der 1:1 Komplex $[Eu(dmpbipy)(NO_3)_3(H_2O)]$ (**21**) in Form eines farblosen kristallinen Feststoffes nach Verdampfen der Lösungsmittel erhalten (Abbildung 43).

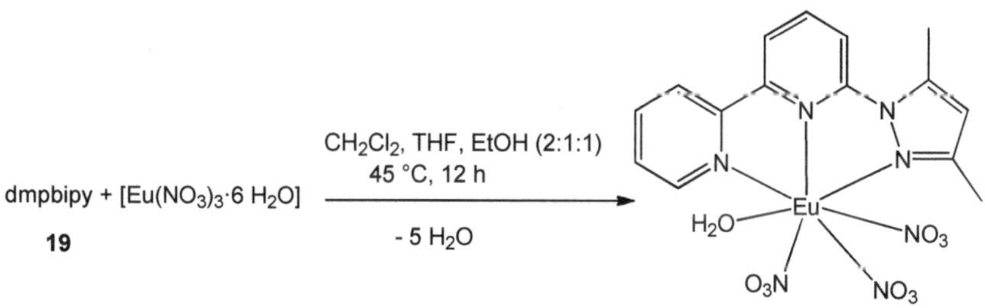

21

Abb.43: *Synthese des Eu-dmpbipy-Komplex* ***21****.*

Der neue Komplex **21** wurde mittels üblicher analytischer und spektroskopischer Methoden charakterisiert, wobei die Molekülstruktur im Festkörper mittels der Einkristallröntgenstrukturanalyse bestimmt werden konnte. Die Verbindung kristallisiert in der triklinen Raumgruppe $P\bar{1}$ mit zwei Molekülen **21**, zwei Molekülen THF und einem Molekül Dichlormethan in der Elementarzelle (Abbildung 44). Das Eu^{3+}-

---

[2] mit Genehmigung von D. Girnt, P. W. Roesky, A. Geist, C. M. Ruff, P. J. Panak, M. A. Denecke, Inorg. Chem. 2010, 49, 9627-9635. Copyright 2010 American Chemical Society.

[3] mit Genehmigung von A. Bremer, C. M. Ruff, D. Girnt, U. Müllich, J. Rothe, P. W. Roesky, P. J. Panak, A. Karpov, T. J. J. Müller, M. A. Denecke, A. Geist, Inorg. Chem. 2010, 51, 5199-5207. Copyright 2012 American Chemical Society.

Kation im Komplex **21** wird durch einen tridentaten dmpbipy Liganden, drei Nitrat-Anionen (NO_3^-) und ein H_2O Molekül zehnfach koordiniert. Die Eu-N-Bindungslängen des äußeren Pyridinrings und des Pyrazolrings am dmpbipy Liganden liegen im Bereich von Eu-N1 2.495(6) Å und Eu-N4 2.494(6) Å, wohingegen der Abstand zum zentralen Ring über 0.08 Å (Eu-N2 2.575(6) Å) länger ist. Die Ursache hierfür sind sterische Gründe. Die Bisswinkel des dmpbipy Liganden betragen N1-Eu-N2 63.7(2)°, N2-Eu-N4 61.3(2)° und N1-Eu-N4 124.8(2)°. Die Eu-O-Abstände der Nitratgruppen (2.509(3) Å bis 2.569(3) Å) liegen im erwarteten Bereich. Der dmpbipy Ligand ist nicht planar, woraus ein Torsionswinkel von N1-N2-N3-N4 20.8(1)° resultiert. Die Nitrat-Anionen (NO_3^-) werden nicht durch den dmpbipy Liganden substituiert. Da Verbindung **21** in der Abwesenheit einer starken Lewis-Base synthetisiert und kristallisiert werden konnte, verbleibt eines der Wassermoleküle am Zentralatom.

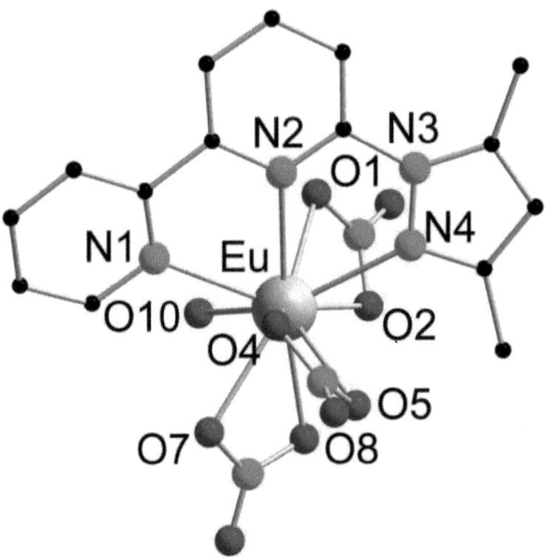

***Abb.44**: Molekülstruktur von **21** im Festkörper (ohne Darstellung der Wasserstoffatome). Ausgewählte Abstände [Å] und Winkel [°]: Eu-N1 2.495(6), Eu-N2 2.575(6), Eu-N4 2.494(6), Eu-O1 2.521(5), Eu-O2 2.464(5), Eu-O4 2.468(5), Eu-O5 2.559(5), Eu-O7 2.468(5), Eu-O8 2.459(5), Eu-O10 2.409(6); O1-Eu-N1 96.3(2), O2-Eu-N1 138.1(2), O4-Eu-N1 73.5(2), O5-Eu-N1 119.0(2), O7-Eu-N1 77.2(2), O8-Eu-N1 122.9(2), O10-Eu-N1 71.0(2), O1-Eu-N4 69.68(2), O2-Eu-N4 72.8(2), O4-Eu-N4 80.7(2), O5-Eu-N4 72.2(2), O7-Eu-N4 141.1(2), O8-Eu-N4 111.8(2), O10-Eu-N4 139.2(2), O1-Eu-N2 67.9(2), O2-Eu-N2 112.5(2), O4-Eu-N2 68.8(2), O5-Eu-N2 106.9(2), O7-Eu-N2 132.6(2), O8-Eu-N2 172.9(2), O10-Eu-N2 123.0(2), N1-Eu-N2 63.7(2), N1-Eu-N4 124.8(2), N2-Eu-N4 61.3(2).*

Aufgrund der schlechten Löslichkeit des Liganden **19** in chlorierten und etherischen Lösungsmitteln wird für die Darstellung des Samarium-Komplexes **22** das Lösungsmittel DMSO verwendet. Der Samarium-dmpbipy-Komplex **22** konnte so ebenfalls dargestellt werden. Allerdings wurden die Reaktionsbedingungen leicht modifiziert (andere Lösungsmittel sowie Reaktionszeit und -temperatur). Aus der Reaktion von dmpbipy mit $[Sm(NO_3)_3 \cdot 6H_2O]$ resultiert wiederum ein 1:1 Komplex der Zusammensetzung $[Sm(dmpbipy)(NO_3)_3(DMSO)]$ (**22**) (Abbildung 45). Im Gegensatz dazu reagiert der BTP-Ligand mit $[Sm(NO_3)_3 \cdot 6H_2O]$ zum ionischen Komplex der Zusammensetzung $[Sm(BTP)_3][Sm(NO_3)_5]_{1.5}$.[73]

22

Abb.45: *Synthese des Sm-dmpbipy-Komplexes* ***22****.*

Der neue Komplex **22** wurde mittels üblicher analytischer und spektroskopischer Methoden charakterisiert sowie die Bestimmung der Molekülstruktur im Festkörper mittels Einkristallröntgenstrukturanalyse. Obwohl Samarium(III) paramagnetisch ist, sind die erhaltenen Signale in den NMR-Spektren gut aufgelöst. Die charakteristischsten Signale von der Methylgruppe des Pyrazolylrings wurden im ^{1}H-NMR-Spektrum bei δ = 2.20 ppm und 2.73 ppm und im $^{13}C\{^1H\}$-NMR-Spektrum bei δ = 13.6 ppm und 15.1 ppm detektiert. Der aromatische Bereich ist bei beiden NMR-Spektren weniger charakteristisch. Die Verbindung **22** kristallisiert in der triklinen Raumgruppe $P\bar{1}$ mit zwei Komplexmolekülen in der Elementarzelle (Abbildung 46). Das Zentralatom des Samarium-Komplexes **22** wird von einem tridentaten dmpbipy Liganden, drei Nitrat-Anionen (NO_3^-) und einem DMSO Molekül zehnfach koordiniert. Die Sm-O-Abstände (2.509(3) Å bis 2.569(3) Å) der Nitratgruppen liegen im erwarteten Bereich. Der dmpbipy Ligand ist nicht planar, woraus ein Torsionswinkel von N1-N2-N3-N4 mit 20.8(1)° resultiert. Dieser festgestellte Torsionswinkel der Verbindung **22** ist stark vergrößert im Vergleich zu der Verbindung **21**. Die Bisswinkel des dmpbipy Liganden betragen N1-Sm-N2

62.9(1)°, N2-Sm-N4 61.7(1)° und N1-Sm-N4 124.4(1)°. Der N2-Sm-Bindungsabstand beträgt 2.613(3) Å. Er ist im Vergleich zu den peripheren Stickstoffatomen um etwa 0.02 Å verlängert, was nicht signifikant ist. Zum äußeren sechsgliedrigen Pyridinring beträgt der Abstand Sm-N1 2.587(3) Å, zum fünfgliedrigen Pyrazolylring Sm-N4 2.589(3) Å. Im Vergleich von Verbindung **21** mit dem Kation $[Sm(BTP)_3]^{+3}$ beträgt der Mittelwert der Sm-N-Bindungslänge des Pyridinrings bei der ionischen Verbindung 2.574 Å.[73]

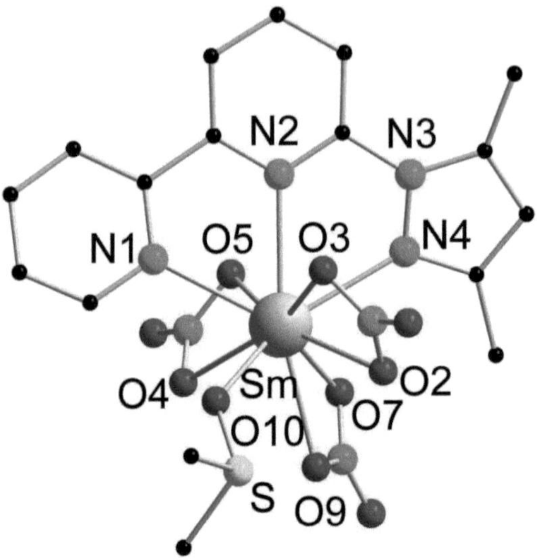

***Abb.46**: Molekülstruktur von **22** im Festkörper (ohne Darstellung der Wasserstoffatome). Ausgewählte Abstände [Å] und Winkel [°]:Sm-O2 2.534(3), Sm-O3 2.554(3), Sm-O4 2.549(3), Sm-O5 2.509(3), Sm-O7 2.553(3), Sm-O9 2.569(3), Sm-O10 2.372(3), Sm-N1 2.587(3), Sm-N2 2.613(3), Sm-N4 2.589(3); O2-Sm-N1 131.9(1), O3-Sm-N1 87.2(1), O4-Sm-N1 71.0(1), O5-Sm-N1 71.2(1), O7-Sm-N1 134.2(1), O9-Sm-N1 131.5(1), O10-Sm-N1 72.7(1), O2-Sm-N4 71.2(1), O3-Sm-N4 75.7(1), O4-Sm-N4 129.7(1), O5-Sm-N4 86.9(1), O7-Sm-N4 73.4(1), O9-Sm-N4 103.5(1), O10-Sm-N4 145.6(1), O2-Sm-N2 108.0(1), O3-Sm-N2 67.3(1), O4-Sm-N2 113.4(1), O5-Sm-N2 70.5(1), O7-Sm-N2 119.0(1), O9-Sm-N2 164.9(1), O10-Sm-N2 122.2(1), N1-Sm-N2 62.9(1), N1-Sm-N4 124.4(1), N2-Sm-N4 61.7(1).*

3.4.2. C5-BPP-Komplexe mit Sm(III) und Eu(III)

Aufgrund des hohen Siedepunktes von DMSO und damit verbundenen Schwierigkeiten bei der Aufarbeitung des Produkts wurde DMF für die weiteren Lanthanoid-Komplexe mit dem C5-BPP Liganden **20** als Lösungsmittel verwendet. Ein 1:3 Komplex konnte auch nicht bei erhöhten Temperaturen durch die Reaktion eine Gemischs aus $[Ln(NO_3)_3 \cdot 6H_2O]$ (Ln = Sm(III), Eu(III)) und **20** in DMF über mehrere Tage erhalten werden. Auch hier werden die einfach koordinierten Verbindungen der Zusammensetzung $[Ln(C5\text{-}BPP)(NO_3)_3(DMF)]$ (Ln = Sm (**23**), Eu (**24**)) in Form farbloser Kristalle nach Umkristallisation aus DMF/Diethylether (1:10) erhalten (Abbildung 47).

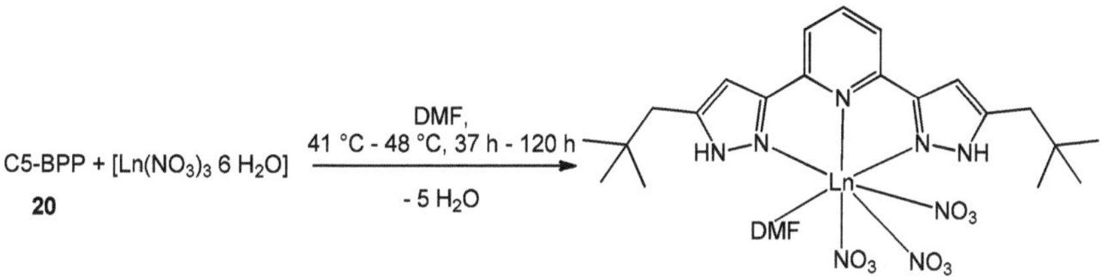

Ln = Sm **23**, Eu **24**

Abb.47: *Synthese der Ln-C5-BPP-Komplexe **23** und **24**.*

Im Gegensatz zu diesen Ergebnissen wurden mit dem ähnlichen Liganden 2,6-Bis(1*H*-pyrazol-3-yl)pyridin aus der Reaktion mit $[LnCl_3 \cdot 6H_2O]$ (Ln = Eu, Gd, Tb, Ho) und KPF_6 in Methanol die 1:3 Komplexe synthetisiert.[107] Auch in den Komplexen **23** und **24** substituiert der C5-BPP Ligand die Wassermoleküle an den Lanthanoidatomen jedoch nicht die Nitrat-Anionen (NO_3^-). Diese Beobachtung ist von Bedeutung, da die Trennung der Actinoiden(III) von den Lanthanoiden, z. B. im SANEX-Prozess, in wässriger Salpetersäure durchgeführt wird.

Die Komplexe **23** und **24** wurden mittels üblicher analytischer und spektroskopischer Methoden charakterisiert sowie die Bestimmung der Molekülstrukturen im Festkörper mittels Einkristallröntgenstrukturanalyse. ^{1}H- und $^{13}C\{^{1}H\}$-NMR NMR-Daten der Verbindung **23** konnten erhalten werden, jedoch sind die erwarteten Signale aufgrund des Paramagnetismus des Sm^{3+}-Kations stark verbreitert. Das charakteristischste Signal der *t*Bu-Gruppe im ^{1}H-NMR-Spektrum wurde bei einer Verschiebung von δ = 0.78 ppm (d_6-DMSO) detektiert. Ebenfalls konnten im ^{1}H-NMR-Spektrum aromatische Signale beobachtet werden. Im aromatischen Bereich werden zwei typische Signale für den Pyridinring (8.03 ppm (d) und 8.25 ppm (t)) und ein Signal für die Pyrazolylringe (6.66 ppm) gemessen; so wird auch im ^{13}C{^{1}H}-NMR-Spektrum bei δ = 32.5 ppm das charakteristische Signal der *t*Bu-Gruppe beobachtet. Alle erhaltenen Signale im ^{1}H- und ^{13}C{^{1}H}-NMR-Spektrum sind im Vergleich zum freien Liganden **20** leicht im Tieffeld verschoben.

Die Verbindungen **23** und **24** sind isostrukturell. Beide kristallisieren in der triklinen Raumgruppe $P\bar{1}$ mit zwei Molekülen des Komplexes in der Elementarzelle (Abbildung 48). Die Zentralatome sind durch drei NO_3^--Gruppen, den tridentaten C5-BPP-Liganden und ein DMF Molekül zehnfach koordiniert. Diese bilden einen verzerrten Hexadecaeder.[108]

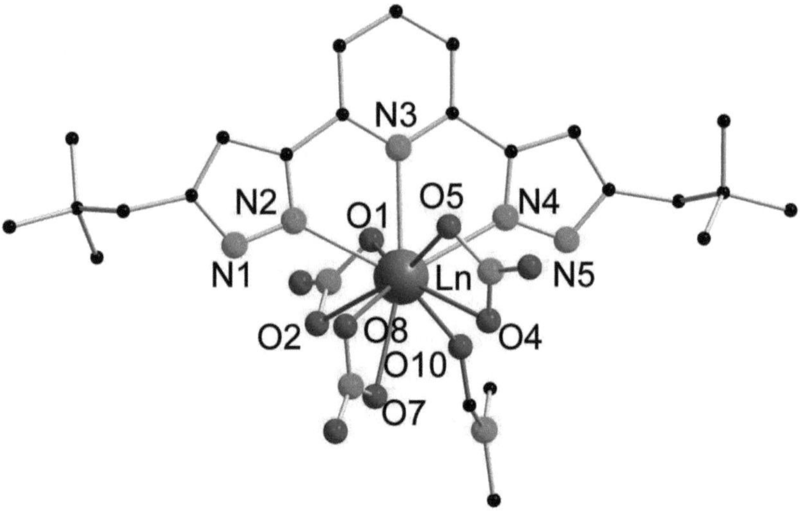

Abb.48: *Molekülstruktur von **23** und **24** im Festkörper (ohne Darstellung der Wasserstoffatome). Ausgewählte Abstände [Å] und Winkel [°]:*

23: *Sm-O1 2.518(3), Sm-O2 2.525(4), Sm-O4 2.594(3), Sm-O5 2.545(4), Sm-O7 2.604(4), Sm-O8 2.497(3), Sm-O10 2.348(3), Sm-N2 2.548(4), Sm-N3 2.628(3), Sm-N4 2.583(4);* N2-Sm-N3 62.7(1), *N2-Sm-N4 124.8(1), N3-Sm-N4 62.5(1).*

24: *Eu-O1 2.478(4), Eu-O2 2.551(4), Eu-O4 2.503(4), Eu-O5 2.520(4), Eu-O7 2.549(5), Eu-O8 2.550(4), Eu-O10 2.388(4), Eu-N2 2.545(4), Eu-N3 2.622(4), Eu-N4 2.541(5); N2-Eu-N3 62.4(1), N2-Eu-N4 124.8(1), N3-Eu-N4 62.4(1).*

Die Ln-O-Bindungsabstände der Nitrat-Gruppen liegen im erwarteten Bereich von 2.518(3) Å bis 2.604(4) Å (**23**) und von 2.478(4) Å bis 2.549(5) Å (**24**). Die Bisswinkel des C5-BPP Liganden betragen N2-Ln-N3 62.7(1)° **23** und 62.4(1)° **24**, N2-Ln-N4 124.8(1)° **23** und 124.8(1)° **24** sowie N3-Ln-N4 62.5(1)° **23** und 62.4(1)° **24**. Die Ln-N-Bindungsabstände zum Pyridinring (Ln-N3 2.628(3)° **23**, 2.622(4) Å **24**) sind geringfügig länger als die Ln-N-Bindungsabstände zu den fünfgliedrigen Pyrazolylringen (Ln-N2 2.548(4) Å **23** und 2.545(4) Å **24**, Ln-N4 2.583(4) Å **23** und 2.541(5) Å **24**). Ein Vergleich von Verbindung **21** und **24** mit dem neunfach koordinierten Tris(2,6-bis(1*H*-pyrazol-3-yl)pyridin)europium Kation[107] zeigt keine signifikanten Unterschiede in den Eu-N-Bindungsabständen.

3.5. Synthese der Actinoidkomplexe der Pyrindinderivat Liganden[4,5]

Alle nun weiterführenden Ergebnisse (EXAFS Analyse, TRLFS Analyse und flüssig-flüssig Extraktion) wurden in Kooperation mit den Arbeitsgruppen Denecke, Panak und Geist am Institut für Nukleare Entsorgung (INE, KIT Campus Nord) durchgeführt.

Daher werden hier nur die wichtigsten Ergebnisse zusammengefasst. Für weitere Details möchte ich auf folgende Literaturstellen[109,110] sowie deren weiterführende Quellenangaben verweisen.

Die Actinoidkomplexe der Pyridinderivat Liganden wurden durch spektroskopische Speziationsmethoden (zeitaufgelöste Laserfluoreszenzspektroskopie (TRLFS, Cm(III)) und Röntgenabsorptionsspektroskopie (EXAFS, Am(III)) charakterisiert.

3.5.1. Bipyridin-Actinoid-Komplexe

*3.5.1.1. EXAFS des Komplexes [Eu(dmpbipy)]$^{3+}$ (**21**) und des Komplexes [Am(dmpbipy)]$^{3+}$ (**25**)*

Das EXAFS Spektrum von Verbindung **21** wurde an der INE-Beamline für Actinoidenforschung am Synchrotron ANKA von der Arbeitsgruppe Denecke gemessen.[111] Die Fit-Ergebnisse der Eu L3 EXAFS der Spezies **21** im Festkörper mit dem dmpbipy-Liganden stimmen für die erste Koordinationssphäre mit der Molekülstruktur von **21** überein (Abbildung 49). Die Bindungsabstände und Koordinationszahlen aus der EXAFS-Analyse sind die gleichen wie der Mittelwert der Abstände für die 10 O/N Atome aus der durch Röntgenbeugung bestimmten Molekülstruktur (2.492 Å). Die interatomaren Eu-N-Abstände für die Nitratanionen variieren in einem Bereich von 0.5 Å.

[4] mit Genehmigung von D. Girnt, P. W. Roesky, A. Geist, C. M. Ruff, P. J. Panak, M. A. Denecke, Inorg. Chem. 2010, 49, 9627-9635. Copyright 2010 American Chemical Society.

[5] mit Genehmigung von A. Bremer, C. M. Ruff, D. Girnt, U. Müllich, J. Rothe, P. W. Roesky, P. J. Panak, A. Karpov, T. J. J. Müller, M. A. Denecke, A. Geist, Inorg. Chem. 2010, 51, 5199-5207. Copyright 2012 American Chemical Society.

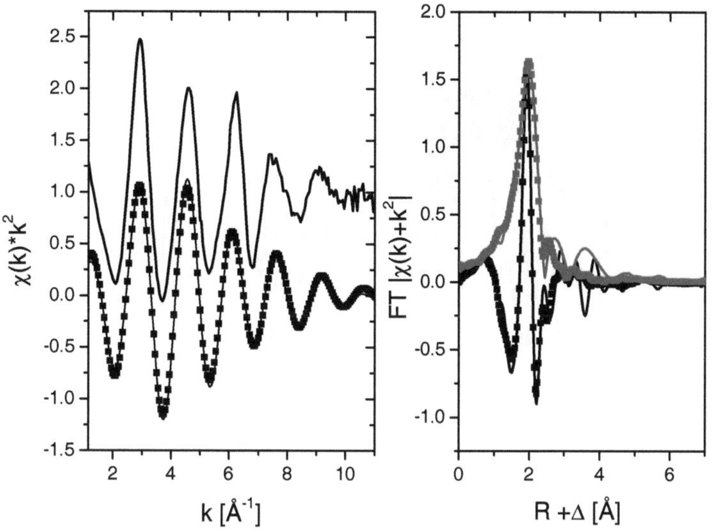

***Abb.49**: links: k^2-gewichtetes Eu L3 EXAFS (gemessen und fit). rechts: dazugehöriges fouriertransformiertes EXAFS (FT, EXAFS und Imaginärteil) für Eu-dmpbipy **21**.*

Das EXAFS-Spektrum der Verbindung **25** ist in Abbildung 50 dargestellt. Da das Spektrum der Americium Verbindung **25** in Lösung gemessen wurde, ist die Dynamik um das Am^{3+}-Kation **25** größer als um das Eu^{3+}-Kation. Für den Am(III)-Komplex **25** ist die Qualität des Röntgenabsoptionsspektrums in Lösung schlechter als die Qualität des EXAFS Spektrums von Verbindung **21**. Die Fit-Ergebnisse des Am(III) Komplexes **25** für die erste Koordinationssphäre stimmen mit der Verbindung **21** in Lösung (0.5 M HNO_3) überein. Dies legt nahe, dass ein 1:1 Komplex der Am(III)-Verbindung in Lösung gebildet wird.

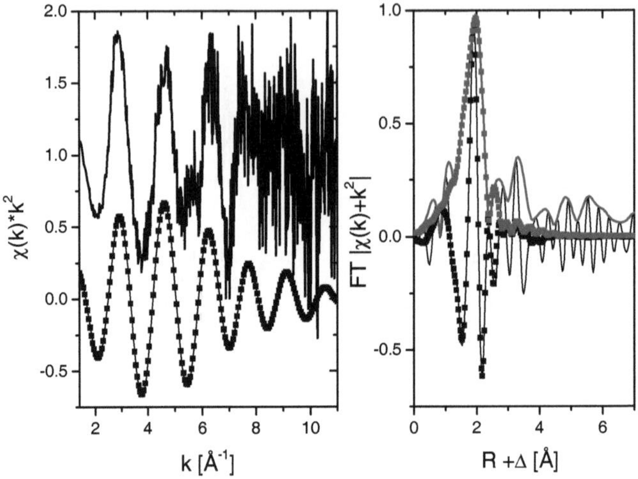

***Abb.50**: links: k^2-gewichtetes Am L3 EXAFS (gemessen und fit). rechts: dazugehöriges fouriertransformiertes EXAFS (FT, EXAFS und Imaginärteil) für Am-dmpbipy **25**.*

*3.5.1.2. TRLFS des Komplexes [Cm(dmpbipy)]$^{3+}$ (**26**)*

Die spektroskopische Charakterisierung der Cm(III)-dmbipy-Spezies **26** in Lösung, die in der Arbeitsgruppe Panak durchgeführt wurde, erfolgte mittels der TRLFS, welche für das verwendete Metallkation Cm(III) eine hochempfindliche und selektive Speziationsmethode darstellt.

Abbildung 51 zeigt das normalisierte Fluoreszenzspektrum des Cm(III) aus dem Grundzustand $^6D_{7/2}$ zum angeregten Zustand $^8S_{7/2}$. Das gemessene Spektrum des solvatisierten Cm(III)-Ions [Cm(solv.)]$^{3+}$ in *n*-Octan-1-ol zeigt eine Emissionsbande bei 600.5 nm. Bei der Anwesenheit des Liganden **19** und einer Erhöhung seiner Konzentration wird der 1:1 Komplex [Cm(dmpbipy)]$^{3+}$ **26** gebildet, dessen Emissionsmaximum bei 612.2 nm liegt. Das Fluoreszenzspektrum des [Cm(dmpbipy)]$^{3+}$-Komplexes **26** zeigt in Lösung eine starke Rotverschiebung von 11.7 nm zur Emissionsbande des [Cm(solv.)]$^{3+}$.

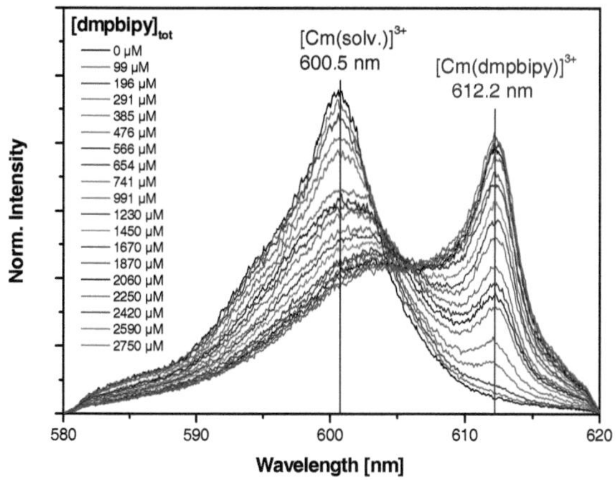

***Abb.51**: Normalisierte Fluoreszenzspektren von Cm(III) in n-Octan-1-ol bei Erhöhung der Konzentration von dmpbipy. Emissionsmaximun bei 612.2 nm von $[Cm(dmpbipy)]^{3+}$* ***26**.*

Die $[Cm(dmpbipy)]^{3+}$-Komplexbildungskonstante K wird bestimmt durch die Gleichungen (1), (2) und (3).

Reaktionsgleichung der Titration:

$$Cm^{3+} + dmpbipy \rightleftharpoons [Cm(dmpbipy)]^{3+} \qquad (1)$$

$$\log \frac{[Cm(dmpbipy)]^{3+}}{[Cm(solv.)]^{3+}} = \log K + \log[dmpbipy] \qquad (2)$$

Wie durch Einkristallstrukturanalysen der Verbindungen **21** und **22** sowie aus dem Emissionsspektrum der $[Cm(dmpbipy)]^{3+}$-Verbindung **26** und dem Absorptionsspektrum der $[Am(dmbipy)]^{3+}$-Verbindung **25** bestätigt wird, liegt ausschließlich der 1:1 Komplex vor.

Somit folgt für K aus Gleichung (2):

$$K = \frac{[Cm(dmpbipy)]^{3+}}{[Cm(solv.)]^{3+}\,[dmpbipy]} \qquad (3);\ \log K = 2.80 \pm 0.02$$

Aus der Rechnung wird eine dekadische logarithmierte Stabilitätskonstante (Komplexbildungskonstante) von 2.80 ± 0.02 ermittelt.

3.5.2. C5-BPP Actinoid-Komplexe

*3.5.2.1. TRLFS der Komplexe [Cm(C5-BPP)]$^{3+}$ (**27**), [Cm(C5-BPP)$_2$]$^{3+}$ (**28**), [Cm(C5-BPP)$_3$]$^{3+}$ (**29**)*

Abbildung 52 zeigt das normalisierte Fluoreszenzspektrum der reinen Cm(III)-Komplexe **27**, **28** und **29** aus dem Grundzustand $^6D_{7/2}$ zum angeregten Zustand $^8S_{7/2}$. Das gemessene Spektrum des solvatisierten Cm(III)-Ions [Cm(solv.)]$^{3+}$ in Methanol und 3.3 mol% H_2O zeigt eine Emissionsbande bei 599.3 nm. Bei der Anwesenheit des Liganden **20** und einer Erhöhung seiner Konzentration wird ein Gemisch von drei Komplexspezies erhalten, welche dem 1:1 Cm(C5-BPP)-Komplex ([Cm(C5-BPP)]$^{3+}$ (**27**)), dem 1:2 Cm(C5-BPP)$_2$-Komplex ([Cm(C5-BPP)$_2$]$^{3+}$ (**28**)) sowie dem 1:3 Cm(C5-BPP)$_3$-Komplex ([Cm(C5-BPP)$_3$]$^{3+}$ (**29**)) entsprechen. Ihre Emissionsmaxima liegen bei 603.7 nm für die Verbindung **27**, 607.7 nm für die Verbindung **28** und 611.6 nm für die Verbindung **29**. Das normalisierte Fluoreszenzspektrum des [Cm(C5-BPP)$_3$]$^{3+}$-Komplexes **29** zeigt eine starke Rotverschiebung von 12.0 nm zur Emissionsbande des [Cm(solv.)]$^{3+}$.

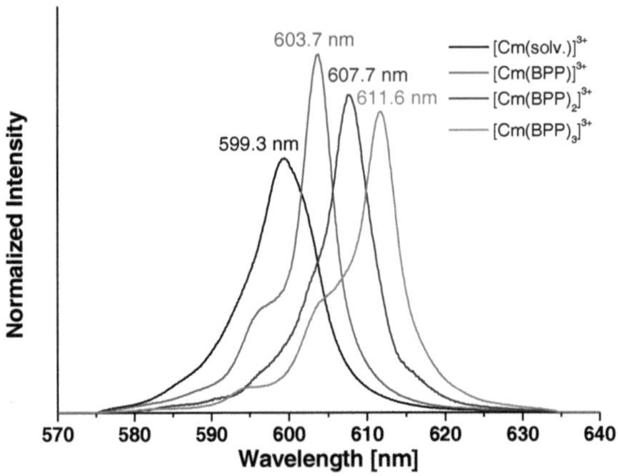

***Abb.52**: Normalisierte Fluoreszenzspektren der reinen Cm(III)-Komplexe in Methanol mit dem C5-BPP Liganden. Emissionsmaxima bei 603.7 nm von [Cm(C5-BPP)]$^{3+}$ **27**, 607.7 nm von [Cm(C5-BPP)$_2$]$^{3+}$ **28**, 611.6 nm von [Cm(C5-BPP)$_3$]$^{3+}$ **29**.*

Die Stufenstabilätskonstanten K_n der heteroleptischen Cm(III)-Komplexe werden schrittweise mittels der abhängigen Gleichgewichte (4) sowie aus den Gleichungen (5) und (6) bestimmt.

$$[Cm(solv)]^{3+} \underset{-\,C5\text{-}BPP}{\overset{+\,C5\text{-}BPP}{\rightleftharpoons}} [Cm(C5\text{-}BPP)]^{3+} \underset{-\,C5\text{-}BPP}{\overset{+\,C5\text{-}BPP}{\rightleftharpoons}} [Cm(C5\text{-}BPP)_2]^{3+}$$

$$[Cm(C5\text{-}BPP)_2]^{3+} \underset{-\,C5\text{-}BPP}{\overset{+\,C5\text{-}BPP}{\rightleftharpoons}} [Cm(C5\text{-}BPP)_3]^{3+} \qquad (4)$$

$$\log \frac{[Cm(C5\text{-}BPP)_n]^{3+}}{[Cm(C5\text{-}BPP)_{n-1}]^{3+}} = \log K_n + n \log[C5\text{-}BPP] \qquad n = 1, 2, 3 \qquad (5)$$

n ist 1, 2, 3, was aus den Einkristallstrukturanalysen der Verbindungen **23** und **24**, sowie aus den Emissionsspektren der $[Cm(C5\text{-}BPP)_n]^{3+}$-Verbindungen **27**, **28** und **29** entnommen werden kann.

Somit folgt für K_n aus Gleichung (5):

$$K_n = \frac{[Cm(C5\text{-}BPP)_n]^{3+}}{[Cm(C5\text{-}BPP)_{n-1}]^{3+} \; [C5\text{-}BPP]} \qquad (6)$$

$\log K_1 = 6.90 \pm 0.20$; $\log K_2 = 4.30 \pm 0.10$, $\log K_3 = 3.60 \pm 0.10$.

Die Bruttostabilitätskonstanten β_n, welche die logarithmierten Gleichgewichtsreaktionen der drei homoleptischen Komplexe beschreibt, sind die Produkte aus den Stufenstabilitätskonstanten K_1, K_2 und K_3. Somit ist für den 1:1 Cm(III)-C5-BPP Komplex $\beta_1 = 6.90 \pm 0.20$, für den 1:2 Cm(III)-Komplex $\beta_2 = 11.20 \pm 0.30$ und für den 1:3 Cm(III)-Komplex $\beta_3 = 14.80 \pm 0.40$. Im Vergleich zu Verbindung **26** ($\beta_1 = 2.80 \pm 0.02$) ist β_1 für Verbindung **27** das doppelt Logarithmierte. Dieser Unterschied spiegelt sich bei den dmpbipy-Liganden in den Extraktionseigenschaften (Kap. 3.6) wider. Für den 1:3 Cm(III)-BTP-Komplex[112] wird eine Stabilitätskonstante von $\beta_3 = 11.20 \pm 0.30$ berichtet. Diese Konstante ist ähnlich zu Verbindung **29**. Beide Cm(III)-Verbindungen wurden jedoch in unterschiedlichen Lösungsmittelsystemen gemessen.

*3.5.2.1. EXAFS des Komplexes [Am(III)(C5-BPP)]$^{3+}$ (**30**)*

EXAFS der Am L3 Kante der Verbindung [Am(III)(C5-BPP)]$^{3+}$ (**30**) legen die Bildung eines Komplexes der Zusammensetzung [Am(C5-BPP)$(NO_3)_3$], ähnlich den Verbindungen **23** und **24**, nahe. Dies steht nur scheinbar im Widerspruch zu den Ergebnissen der Cm(III)-TRLFS-Messungen, die die Bildung von 1:3-Komplexen in Lösung vermuten lassen. Die L3 Am(III)-EXAFS-Messungen wurden in wässriger HNO_3 durchgeführt. Die Koordinationszahl der Verbindung **30** auf 9-10 N/O-Atomen bestimmt, was im Einklang mit der Festkörperstruktur der Eu-Verbindung **24** steht. Im Gegensatz dazu wurden die Cm(III)-TRLFS-Messungen mit $Cm(ClO_4)_3$ in wässrigem Methanol durchgeführt. Da Perchlorat $(ClO_4)^-$ eher ein schwach koordinierendes Anion ist, ist hier auch die Bildung von 1:3 Curium-Komplex **29** und des 1:2 Komplexes **28** möglich.

3.6. Extraktionsversuche mit Pyridinderivat Liganden[6,7]

Die Eigenschaften von **19** als selektives Am(III)-Extraktionsmittel wurden mittels einer flüssig-flüssig Extraktion in der Arbeitsgruppe Geist bestimmt. Die Extraktionseffizienz wird durch die Am(III) und Eu(III) Verteilungsverhältnisse ($D_{(Am(III))}$ und $D_{(Eu(III))}$) mit $D_{M(III)}$ = $[M(III)_{org}]/[M(III)_{aq}]$ und des Trennfaktors ($SF_{Am(III)/Eu(III)} = D_{(Am(III))}/D_{(Eu(III))}$) charakterisiert. Extraktion ($D > 1$) und Rückextraktion ($D < 1$) sind durch die Veränderung der Konzentration in der wässrigen Phase (z.B. über die Acidität) leicht einstellbar. Des Weiteren ist eine gute Selektivität (hoher *SF*) erwünscht.

Die ausgewerteten Extraktionsversuche für **19** aus wässriger salpetersaurer Lösung zeigen keine Trennung. Nur bei Verwendung von 2-Bromohexansäure in Kerosin wird ein *SF* von 8 zwischen den Am(III)/Eu(III)-Komplexen, wie in Abbildung 53 dargestellt, erhalten.

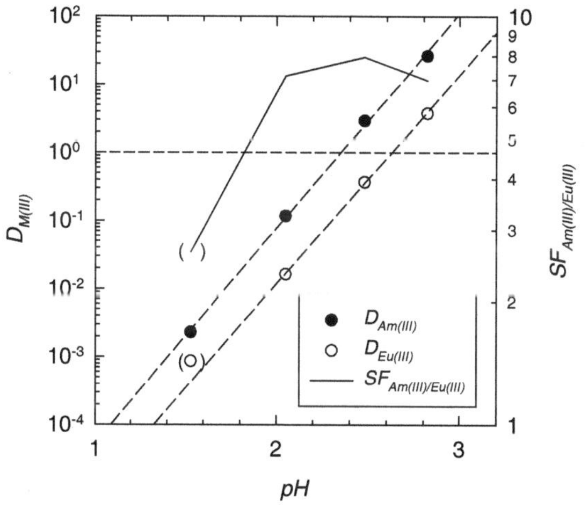

***Abb.53:** Extraktion von Am(III) und Eu(III) aus 2-Bromhexansäure in Kerosin mit **19**.*

[6] mit Genehmigung von D. Girnt, P. W. Roesky, A. Geist, C. M. Ruff, P. J. Panak, M. A. Denecke, Inorg. Chem. 2010, 49, 9627-9635. Copyright 2010 American Chemical Society.

[7] mit Genehmigung von A. Bremer, C. M. Ruff, D. Girnt, U. Müllich, J. Rothe, P. W. Roesky, P. J. Panak, A. Karpov, T. J. J. Müller, M. A. Denecke, A. Geist, Inorg. Chem. 2010, 51, 5199-5207. Copyright 2012 American Chemical Society.

20 erweist sich als effektiverer Extraktionsligand als **19**. Die ausgewerteten Extraktionsversuche für **20** aus wässriger salpeterhaltiger Lösung zeigen ebenfalls keine Trennung. Unter Verwendung von 2-Bromhexansäure in Kerosin existiert ein *SF* von 100 zwischen den Am(III)/Eu(III)-Komplexen (Abbildung 54). Im Vergleich zum BTP Liganden (*SF* von 180) ist der Trennfaktor der Verbindung **20** schlechter, aber im Vergleich zum Liganden **19** effizienter.

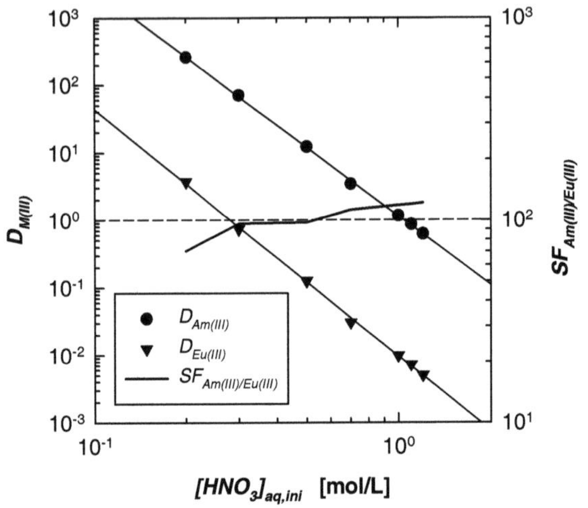

***Abb.45**: Extraktion von Am(III) und Eu(III) aus 2-Bromhexansäure in Kerosin mit **20**.*

4. Experimenteller Teil

4.1. Allgemeines

4.1.1. Arbeitstechnik

Arbeiten mit empfindlichen Substanzen wurden unter strengem Ausschluss von Luft und Feuchtigkeit durchgeführt. Dazu wurden ausgeheizte Schlenkgefäße an Hochvakuumapparaturen mit einem Endvakuum von ca. 10^{-3} mbar und Gloveboxen der Firma *MBraun* (H_2O < 1ppm, O_2 < 1ppm) verwendet. Vorrats- und Reaktionsgefäße wurden über Schlauchverbindungen oder direkt über Schliffverbindungen an die Apparaturen angeschlossen, wiederholt evakuiert und anschließend mit Stickstoff oder Argon geflutet.

4.1.2. Lösungsmittel

Kohlenwasserstoffe (*n*-Pentan, *n*-Heptan, Toluol) wurden über eine Lösungsmitteltrocknungsanlage (SPS-800) der Firma *MBraun* getrocknet. Etherische Lösungsmittel (Et_2O, THF) wurden aus der SPS-Anlage entnommen und nochmals über K/Benzophenon unter Stickstoffatmosphäre destilliert. Die zusätzlich benötigten Lösungsmittel *n*-Hexan und Diglyme wurden über K/Benzophenon mehrere Stunden unter Stickstoffatmosphäre zum Rückfluss erhitzt und dann destilliert. TMEDA wurde über CaH_2 einige Stunden unter einer Stickstoffatmosphäre zum Rückfluss erhitzt und anschließend destilliert. Sämtliche Lösungsmittel wurden in Schlenk Glasgefäßen aufbewahrt. Die verwendeten Lösungsmittel in der Kondensationsapparatur wurden zusätzlich über $LiAlH_4$ unter vermindertem Druck aufbewahrt und bei -78 °C direkt auf den Reaktionsansatz kondensiert. Deuterierte Lösungsmittel (C_6D_6, d_8-THF) wurden entgast und über Na/K-Legierung gelagert.

4.1.3. Spektroskopie/Spektrometrie

NMR-Spektren wurden auf AV400 bzw. AV300 FT-NMR-Spektrometern der Firma *Bruker* aufgenommen. Die chemischen Verschiebungen (ppm) sind auf Tetramethylsilan (^{1}H, $^{13}C\{^{1}H\}$) als internen Standard referenziert. Die Aufnahme von IR-Spektren erfolgten an einem IFS 113v oder Tensor 37 Spektrometer der Firma *Bruker*. Massenspektren wurden auf einem MAT 8200 der Firma *Finnigan* gemessen. Elementaranalysen wurden mit einem Vario EL III der Firma *Elementar Analysen GmbH* durchgeführt.

4.2. Synthesevorschriften und Analytik

4.2.1. Synthese der bekannten Edukte

Die folgenden Verbindungen wurden nach literaturbekannten Vorschriften dargestellt:

Diphenylcarbodiimid [113]

Bis-((S)-1-phenylethyl)carbodiimid [21]

$LaCl_3$[114] (Ln = La, Sm)

$[Ln(BTSA)_3]$[115] (Ln = La, Sm, Eu)

$[Y(DMBA)_3]$[116]

C5-BPP[110]

4.2.2. Synthese der neuen Verbindungen

*4.2.2.1. Synthese des Benzo[de]isochinolin-Derivats **1***

Eine Lösung aus 1,8-Dibromonaphtalen (0.57 g, 2.0 mmol) in 15 mL Diethylether wird bei 0 °C eine 1.6 M *n*-BuLi-Lösung in *n*-Hexan (2.50 mL, 4.00 mmol) zugegeben. Nach 20- minütigem Rühren wird die Lösung langsam zu einer Suspension von *N,N*`-Di-*p*-tolylcarbodiimid (0.92 g, 4.16 mmol) in 20 mL Diethylether bei Raumtemperatur hinzugetropft und für 24 h gerührt. Dabei wird ein Farbumschlag von einer klaren orangegelben Lösung zu einer dunkel rotbraunen Lösung beobachtet. Von der entstandenen rotbraunen Suspension werden die flüchtigen Bestandteile im Hochvakuum entfernt. Das Rohprodukt wird in Form eines braunen Schaumes in einer Rohausbeute von 1.05 g (89 %) erhalten. Das erhaltene Rohprodukt wird in *n*-Pentan aufgenommen und filtriert. Nach der Entfernung des Lösungsmittels wird das Produkt analysenrein als roter, luftunempfindlicher Feststoff erhalten. Für die Röntgenstrukturanalyse geeignete Einkristalle erhält man bei Raumtemperatur aus THF/*n*-Pentan (1:5).

Ausbeute: 430 mg, (46 %).

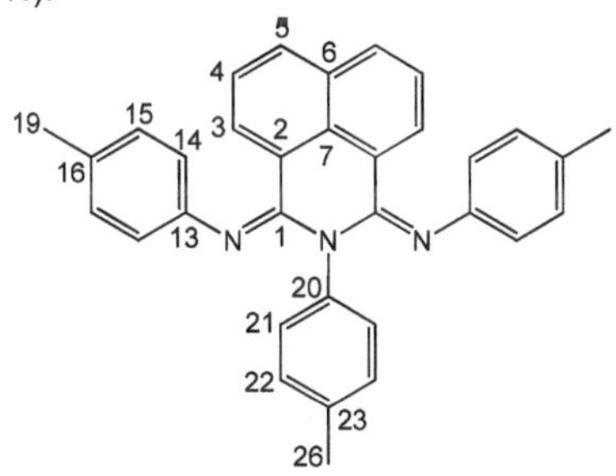

-^{1}H-NMR (d_8-THF, 400 MHz, 25 °C): δ = 2.23 (s, 9H, $H_{19/26}$), 6.98 (d, $^{3}J_{H,H}$ = 8.0 Hz, 2H, H_{21}), 7.12 (d, $^{3}J_{H,H}$ = 8.0 Hz, 2H, H_{22}), 7.34 (d, $^{3}J_{H,H}$ = 8.0 Hz, 4H, H_{15}), 7.47 (d, $^{3}J_{H,H}$ = 8.0 Hz, 4H, H_{14}), 7.82 (m, 2H, H_4), 7.99 (dd, $^{3}J_{H,H}$ = 8.3 Hz, $^{4}J_{H,H}$ = 0.7 Hz, 2H, H_3), 8.07 (dd, $^{3}J_{H,H}$ = 8.3 Hz, $^{4}J_{H,H}$ = 0.7 Hz, 2H, H_5) ppm.

-^{13}C{^{1}H}-NMR (d_8-THF, 400 MHz, 25 °C): δ = 21.0 ($C_{19/26}$), 121.3 (C_{14}), 121.4 (C_2), 124.8 (C_3), 126.7 (C_{21}), 126.9 (C_5), 127.8 (C_6), 129.6 (C_{22}), 130.1 (C_{15}), 131.0 (C_{16}), 132.1 (C_7), 134.5 (C_{20}), 135.6 (C_{23}), 146.2 (C_{13}), 147.0 (C_1) ppm.

-EI/MS (70 eV, 280 °C): m/z (%) = 465 (M^+, 96), 450 (M^+-CH_3, 9), 374 (M^+-C_7H_7, 26), 269 (M^+-$C_{15}H_{17}$, 35), 91 ($C_7H_7^+$, 23).

-IR (ATR): ($\tilde{\nu}$/cm^{-1}): 3438 (w), 3271 (w), 3021 (w), 2920 (m), 2850 (m), 2363 (w), 1625 (vs), 1494 (s), 1448 (m), 1350 (s), 1308 (m), 1243 (s), 1184 (vs), 1142 (s), 1085 (vs), 933 (m), 910 (m), 862 (m), 812 (vs), 773 (vs), 699 (m), 542 (m).
-(**1**) $C_{33}H_{27}N_3$ (465.22): ber. C 85.13, H 5.85, N 9.03; gef. C 84.21, H 5.43, N 8.68 %.

*4.2.2.2. AAV 1: Darstellung der [$^{R}L_{DBF}H_2$]-Bisamidine **2-5***

Zu einer klaren farblosen Lösung aus frisch sublimiertem Dibenzofuran und frisch destilliertem TMEDA in *n*-Hexan wird bei Raumtemperatur eine 2.5 M Lösung von *n*-BuLi in *n*-Hexan innerhalb von 15 Minuten zugetropft. Die resultierende grüngelbe Suspension wird für sechseinhalb Stunden am Rückfluss erhitzt, wobei eine Gasentwicklung beobachtet wird. Zu der grüngelben Suspension wird bei Raumtemperatur eine 1.8 M Lösung des entsprechenden Carbodiimid in *n*-Hexan innerhalb von 15 Minuten zugetropft. Dabei wird ein Farbumschlag beobachtet. Anschließend wird die Suspension über Nacht gerührt. Die hellgelbe Suspension wird hydrolysiert und für weitere 45 Minuten gerührt. Nach der Entfernung der Lösungsmittel mittels Hochvakuum wird der hellgelbe Feststoff mit *n*-Pentan aufgenommen und filtriert. Nach der Entfernung des Lösungsmittels wird das Produkt als Feststoff analysenrein erhalten. Abweichungen von der allgemeinen Vorschrift sind für die einzelnen Verbindungen beschrieben.

*1,8-Bis(dicyclohexylamidino)dibenzofuran ($^{Cy}L_{DBF}H_2$) **2***

Es werden Dibenzofuran (2.35 g, 12.5 mmol) und TMEDA (2.5 mL, 27.5 mmol) in 100 mL *n*-Hexan, eine 2.5 M Lösung *n*-BuLi (11.0 mL, 27.5 mmol) in *n*-Hexan und Dicyclohexylcarbodiimid (5.77 g, 28.0 mmol) in 15 mL *n*-Hexan eingesetzt. Das Produkt (**2**) ist ein hellgelbes Pulver. Für die Einkristallröntgenstrukturanalyse geeignete Einkristalle erhält man bei 7 °C aus *n*-Pentan.

Ausbeute: 3.98 g, (55 %).

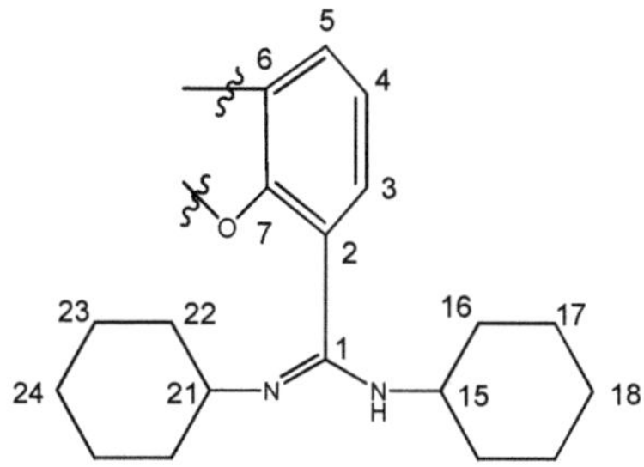

-^{1}H-NMR (C_6D_6, 300 MHz, 25 °C): δ = 1.21 (br, 14H, *Cy*), 1.46 (br, 6H, *Cy*), 1.71 (br, 12H, *Cy*), 2.12 (br, 8H, *Cy*), 3.23-3.64 (br, 4H, $H_{15/21}$), 7.08 (t, $^3J_{H,H}$ = 7.6 Hz, 2H, H_4), 7.30 (dd, $^3J_{H,H}$ = 7.4 Hz, $^4J_{H,H}$ = 1.2 Hz, 2H, H_3), 7.59 (dd, $^3J_{H,H}$ = 7.7 Hz, $^4J_{H,H}$ = 1.2 Hz, 2H, H_5) ppm.

-^{13}C{^{1}H}-NMR (C_6D_6, 75 MHz, 25 °C): δ = 22.5 (C_{17}), 25.4 (br s, C_{23}), 26.5 (C_{18}), 33.1 (br s, C_{16}), 36.0 (br s, C_{22}), 49.9 (br s, C_{15}), 58.6 (br s, C_{21}), 121.5 (C_2), 121.9 (C_4), 123.5 (C_5), 124.6 (C_6), 127.6 (C_3), 151.2 (C_1), 153.0 (C_7) ppm.

-EI/MS (70 eV, 180 °C): m/z (%) = 580 (M^+, 65), 497 (M^+-(C_6H_{11}), 100), 415 (M^+-$C_{12}H_{22}$, 27), 400 (M^+-HN-$C_{12}H_{22}$, 43), 373 (M^+-(C_6H_{11}-NHCNC_6H_{11} , 17), 219 (M^+-HN-N-$C_{24}H_{44}$, 96), 98 ($^+$HN-C_6H_{11} , 57).

-IR (ATR) (ṽ/cm^{-1}): 3437 (w), 2921 (vs), 2849(s), 2363 (vs), 2334 (s), 1642 (vs), 1604 (m), 1483 (vs), 1449 (s), 1418 (m), 1311 (m), 1257 (m), 1228 (m), 1189 (s), 1153 (m), 1105 (m), 1058 (m), 976 (w), 922 (w), 891 (m), 850 (m), 784 (s), 753 (s), 668 (m), 570 (w).

-(**2**) $C_{38}H_{52}N_4O$ (580.41): ber. C 78.58, H 9.02, N 9.65; gef. C 78.22, H 8.82, N 9.65 %.

1,8-Bis(diphenylamidino)dibenzofuran ($^{Ph}L_{DBF}H_2$) **3**

Es werden Dibenzofuran (1.85 g, 11.0 mmol) und TMEDA (3.4 mL, 23.0 mmol) in 75 mL *n*-Hexan, eine 2.5 M Lösung *n*-BuLi (9.2 mL, 23.0 mmol) in *n*-Hexan und Diphenylcarbodiimid (5.05 g, 26.0 mmol) eingesetzt. Die Filtration wurde mit dem Lösungsmittel Toluol durchgeführt. Das Produkt (**3**) ist ein gelbes Pulver, welches sich in Toluol löst. Für die Einkristallröntgenstrukturanalyse geeignete Einkristalle erhält man bei Raumtemperatur aus Toluol.

Ausbeute: 2.94 g, (48 %).

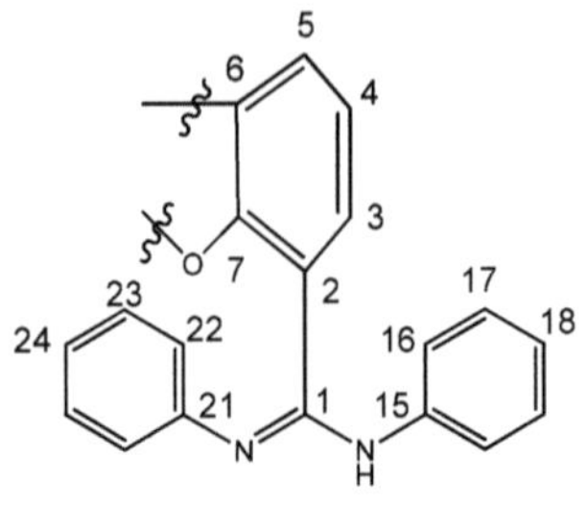

-^{1}H-NMR (d_6-DMSO, 300 MHz, 22 °C): δ = 6.68 (br s, 6H, $H_{16/18}$), 6.89 (br s, 4H, H_{17}), 7.03 (br s, 2H, H_{24}), 7.26-7.37 (m, 6H, $H_{4/23}$), 7.49 (d, $^{3}J_{H,H}$ = 7.5 Hz, 2H, H_3), 7.99-8.08 (m, 6H, $H_{5/22}$) ppm.

-^{13}C{^{1}H}-NMR (d_6-DMSO, 75 MHz, 22 °C): δ = 119.6 (C_2), 121.2 (C_{22}), 121.8 (C_{16}), 122.1 (C_4), 122.8 (C_6), 123.3 (C_5), 127.9 (br s, C_{23}), 128.0 (br s, C_3), 128.5 (br s, C_{17}), 141.3 (C_{15}), 150.2 (C_1), 150.5 (C_{21}), 151.8 (C_7) ppm.

-EI/MS (70 eV, 180 °C): m/z (%) = 556 (M^+, 46), 464 (M^+-(NH-C_6H_5), 95), 362 (M^+-(C_6H_5=NCHN-C_6H_5), 16), 270 (M^+-(N-$C_6H_5)_2$-NH-C_6H_5, 66), 195 (C_6H_5HN-N$C_6H_5^+$, 3), 92 ($C_6H_5HN^+$, 100), 91 ($C_6H_5N^+$, 100), 77 ($C_6H_5^+$, 56).

-IR (ATR) ($\tilde{v}$/cm^{-1}): 3374 (m), 3320 (m), 3050 (m), 3021 (w), 1678 (s), 1631 (vs), 1587 (s), 1531 (s), 1487 (s), 1433 (s), 1406 (m), 1370 (m), 1325 (s), 1218 (s), 1185 (s), 1134 (m), 1073 (m), 1025 (m), 996 (w), 901 (m), 879 (m), 837 (m), 780 (m), 751 (vs), 694 (vs), 647 (m), 621 (m), 573 (m), 508 (s), 463 (s).

-(**3**) $C_{38}H_{28}N_4O$ (556.66): ber. C 81.99, H 5.07, N 10.06; gef. C 82.09, H 5.03, N 10.06 %.

1,8-Bis((S)-1-phenylethylamidino)dibenzofuran ($^{(S)\text{-}PhMe}L_{DBF}H_2$) ***4***

Es werden Dibenzofuran (2.59 g, 15.4 mmol) und TMEDA (4.9 mL, 33.0 mmol) in 100 mL *n*-Hexan, eine 2.5 M Lösung *n*-BuLi (13.2 mL, 33.0 mmol) in *n*-Hexan und Bis-((S)-1-phenylethyl)carbodiimid (8.51 g, 8.2 mL, 34.0 mmol) eingesetzt. Das Produkt (**4**) ist ein farbloses Pulver, welches sich in Toluol löst. Für die Einkristallröntgenstrukturanalyse geeignete Einkristalle erhält man bei Raumtemperatur aus Toluol.

Ausbeute: 5.28 g, (51 %).

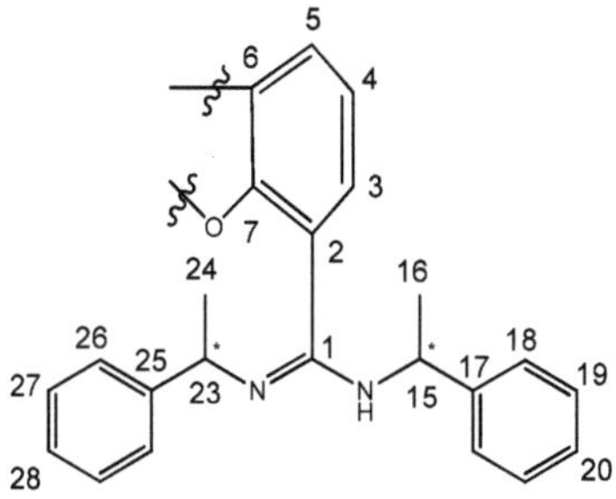

-^{1}H-NMR (d_6-DMSO, 300 MHz, 22 °C): δ = 1.21 (br s, 6H, H_{16}), 1.41 (d, $^{3}J_{H,H}$ = 6.8 Hz, 6H, H_{24}), 3.97 (br, 2H, H_{23}), 5.32 (br, 2H, H_{15}), 6.71 (br, 4H, H_{19}), 6.83 (d, $^{3}J_{NH,CH}$ = 6.2 Hz, 2H, N*H*), 6.93 (br, 6H, $H_{18/20}$), 7.18 (d, $^{3}J_{H,H}$ = 7.1 Hz, 2H, H_3), 7.26 (t, $^{3}J_{H,H}$ = 7.1 Hz, 2H, H_4), 7.37-7.45 (br, 6H, $H_{26/28}$), 7.54 (br, 4H, H_{27}), 8.22 (d, $^{3}J_{H,H}$ = 7.1 Hz, 2H, H_5) ppm.

-^{13}C{^{1}H}-NMR (d_6-DMSO, 75 MHz, 23 °C): δ = 23.1 (C_{16}), 26.3 (C_{24}), 49.9 (C_{23}), 57.8 (C_{15}), 120.4 (C_2), 121.5 (C_4), 123.2 (C_5), 123.7 (C_{20}), 125.2 (C_6), 125.8 ($C_{26/28}$), 126.1 (C_{18}), 126.9 (C_3), 127.4 (C_{19}), 128.1 (C_{27}), 146.9 (C_{17}), 148.0 (C_{25}), 151.1 (C_7), 152.2 (C_1) ppm.

-EI/MS (70 eV, 190 °C): m/z (%) = 668 (M^+, 74), 563 (M^+-($CHMeC_6H_5$), 93), 418 (M^+-(C_6H_5MeCHN=$CNHCHMeC_6H_5$), 98), 313 (M^+-(N-$CHMeC_6H_5$)$_2$-NH-$CHMeC_6H_5$, 99), 166 (DBF^{2+}($C_{12}H_6O^{2+}$), 21), 120 ($C_6H_5MeCHNH^+$, >100), 119 ($C_6H_5MeCHN^{2+}$, 19), 105 ($C_6H_5MeCH^+$, >100), 77 ($C_6H_5^+$, 91).

-IR (ATR) ($\tilde{\nu}$/cm^{-1}): 3436 (w), 3322 (w), 3320 (w), 3060 (w), 3024 (w), 2965 (m), 2921 (w), 2863 (w), 2362 (w), 1642 (s), 1598 (m), 1580 (m), 1488 (s), 1446 (m), 1425 (s), 1353 (m), 1295 (m), 1247 (m), 1226 (m), 1188 (m), 1135 (m), 1066 (m), 1017 (m), 912 (m), 886 (m), 794 (m), 749 (vs), 697 (vs), 611 (m), 572 (m), 537 (s).

-(**4**) $C_{46}H_{44}N_4O$ (668.35): ber. C 82.60, H 6.63, N 8.38; gef. C 81.95, H 6.46, N 8.22 %.

1,8-Bis(p-tolylamidino)dibenzofuran ($^{p\text{-}Tolyl}L_{DBF}H_2$) ***5***

Es werden Dibenzofuran (1.43 g, 8.5 mmol) und TMEDA (3.0 mL, 20.0 mmol) in 50 mL *n*-Hexan, eine 2.5 M Lösung *n*-BuLi (8.0 mL, 20.0 mmol) in *n*-Hexan und Di-*p*-tolylcarbodiimid (4.10 g, 18.4 mmol) eingesetzt. Die Filtration wurde mit dem Lösungsmittel Toluol durchgeführt. Das Produkt (**5**) ist ein gelbes Pulver. Für die

Einkristallröntgenstrukturanalyse geeignete Einkristalle erhält man bei Raumtemperatur aus DMSO.

Ausbeute: 2.76 g, (53 %).

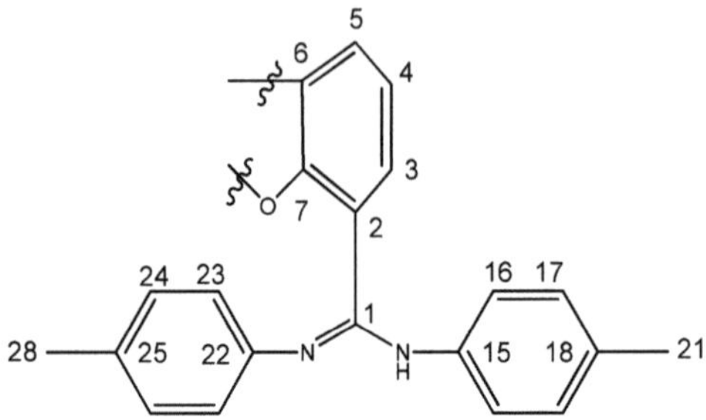

-^{1}H-NMR (d_6-DMSO, 400 MHz, 25 °C): δ = 2.04 (br s, 6H, H_{21}), 2.27 (br s, 6H, H_{28}), 6.48 (br s, 4H, H_{17}), 6.67 (br s, 4H, H_{24}), 7.07 (br s, 4H, H_{16}), 7.31 (t, $^3J_{H,H}$ = 7.5 Hz, 2H, H_4), 7.40 (dd, $^3J_{H,H}$ = 7.5 Hz, $^4J_{H,H}$ = 0.9 Hz, 2H, H_3), 7.87 (br s, 4H, $H_{23/27}$), 8.04 (dd, $^3J_{H,H}$ = 7.6 Hz, $^4J_{H,H}$ = 1.2 Hz, 2H, H_5), 9.13 (br s, 2H, NH) ppm. -^{13}C{^{1}H}-NMR (d_6-DMSO, 75 MHz, 25 °C): δ = 20.4 ($C_{21/28}$), 118.2 (C_2), 119.8 (m, $C_{4/23}$), 121.5 (m, $C_{5/6}$), 121.9 (C_{16}), 122.7 (C_{17}), 123.3 (C_{24}), 128.0 (C_{25}), 128.6 (C_{18}), 129.1 (C_3), 138.8 (C_{15}), 147.9 (C_{22}), 150.0 (C_1), 151.9 (C_7) ppm.

-EI/MS (70 eV, 190 °C): m/z (%) = 612 (M^+, 80), 512 (M^+-(NH-C_6H_4-CH_3), 93), 401 (M^+-(N-C_6H_4-CH_3)$_2$, 20), 309 (M^+-(HN-C_6H_4-CH_3)$_2$-$C_6H_4CH_3$, 87), 283 (M^+-(HN-C_6H_4-CH_3)$_2$-$NC_6H_4CH_3$, 12).

-IR (ATR) (ṽ/cm^{-1}): 3376 (w), 3025 (w), 2963 (vs), 2913(w), 1626 (m), 1602 (m), 1509 (m), 1417 (m), 1373 (w), 1258 (s), 1220 (m), 1184 (m), 1085 (s), 1015 (vs), 859 (m), 792 (vs), 759 (s), 667 (m), 576 (w), 524 (m), 485(m).

-(**5** + 2DMSO) $C_{50}H_{60}N_4O_3S_2$ (769.03): ber. C 71.84, H 6.29, N 7.29; gef. C 71.42, H 6.14, N 6.66 %.

*4.2.2.3. AAV 2: Darstellung der [$^{R}L_{Xan}H_2$]-Bisamidine **6-9***

Zu einer klaren farblosen Lösung von 9,9-Dimethylxanthen und frisch destilliertem TMEDA in *n*-Hexan wird bei Raumtemperatur eine 2.5 M Lösung von *n*-BuLi in *n*-Hexan innerhalb von 15 Minuten zugetropft. Die resultierende klare gelbe Lösung wird für zweieinhalb Stunden am Rückfluss erhitzt, wobei eine Gasentwicklung beobachtet wird. Zu der orangefarbenen Suspension wird bei Raumtemperatur eine 1.8 M Lösung von dem entsprechenden Carbodiimid in *n*-Hexan innerhalb von 15 Minuten zugetropft. Dabei wird ein Farbumschlag beobachtet. Anschließend wird die Suspension über Nacht gerührt. Die hellgelbe Suspension wird hydrolysiert und für weitere 45 Minuten gerührt. Nach der Entfernung der Lösungsmittel mittels Hochvakuum wird der hellgelbe Feststoff mit THF aufgenommen und filtriert. Nach der Entfernung des Lösungsmittels wird das Produkt analysenrein als Feststoff erhalten. Abweichungen von der allgemeinen Vorschrift sind für die einzelnen Verbindungen beschrieben.

1,8-Bis(dicyclohexylamidino)-9,9-dimethylxanthen ($^{Cy}L_{Xan}H_2$) **6**

Es werden 9,9-Dimethylxanthen (1.63 g, 7.8 mmol) und TMEDA (2.7 mL, 18.1 mmol) in 80 mL *n*-Hexan, eine 2.5 M Lösung *n*-BuLi (7.5 mL, 18.8 mmol) in *n*-Hexan und Dicyclohexylcarbodiimid (3.92 g, 19.0 mmol) in 10 mL *n*-Hexan eingesetzt. Das Produkt (**6**) ist ein hellgelbes Pulver. Für die Einkristallröntgenstrukturanalyse geeignete Einkristalle erhält man aus Aceton.

Ausbeute: 1.80 g, (37 %).

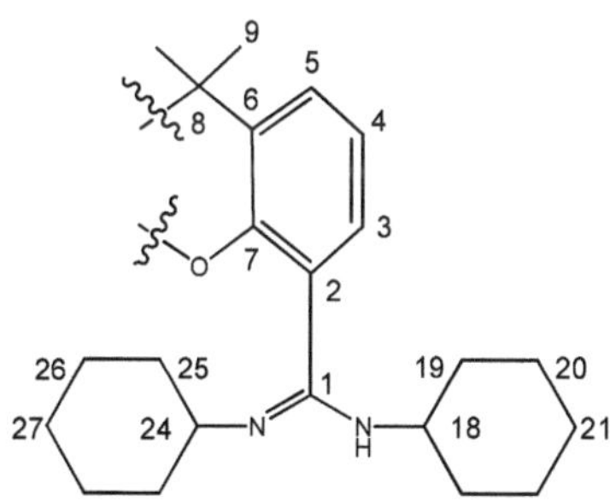

-^{1}H-NMR (d_6-DMSO, 300 MHz, 24 °C): δ = 1.10-1.29 (br, 20H, 8H, H_{20}, 8H, H_{21}, 4H, H_{19}), 1.55-1.65 (br, 16H, 8H, H_{26}, 4H, H_{19}, 4H, H_{25}), 1.79-1.85 (br, 4H, H_{25}), 2.13 (s, 6H, H_9), 3.19 (br, 2H, H_{18}), 3.67 (br, 2H, H_{24}), 5.09 (br s, 2H, -N*H*-C_6H_{11}), 6.90 (d, $^{3}J_{H,H}$ = 7.6 Hz, 2H, H_5), 7.10 (t, $^{3}J_{H,H}$ = 7.6 Hz, 2H, H_4), 7.51 (d, $^{3}J_{H,H}$ = 7.6 Hz, 2H, H_3) ppm.

-$^{13}C\{^1H\}$-NMR (d_6-DMSO, 75 MHz, 24 °C): δ = 24.1 (C_9), 24.7 (br, C_{26}), 25.0 (C_{20}), 25.7 (br, $C_{21/27}$), 32.4 (C_{25}), 34.0 (C_{19}), 34.5 (C_8), 54.7 (C_{18}), 57.1 (C_{24}), 115.9 (C_2), 123.4 (C_3), 126.7 (C_4), 127.6 (C_5), 135.4 (C_6), 143.0 (C_1), 149.5 (C_7) ppm.

-EI/MS (70 eV, 170 °C): m/z (%) = 622 (M^+, 19), 539 (M^+-Cy, 25), 442 (M^+-$C_{12}H_{22}N$, 23), 415 (M^+-(Cy-HN-C=N-Cy), 10), 358 (M^+-$C_{18}H_{33}N$, 14), 260 (M^+-4Cy-2Me, 26), 220 (M^+-4Cy-1Me-N_3H, 39).

-IR (ATR) ($\tilde{v}$/cm^{-1}): 3437 (m), 3370(m), 2923 (vs), 2849 (vs), 1705 (w), 1626 (vs), 1586 (m), 1518 (s), 1451 (s), 1420 (vs), 1363 (m), 1323 (m), 1290 (m), 1241 (s), 1197 (m), 1153 (m), 1099 (s), 1029 (m), 979 (w), 949 (w), 886 (s), 801 (s), 751 (s), 701 (w), 660 (w), 542 (m), 457 (m).

-(**6**+ 0.5 C_5H_{12}) $C_{43.5}H_{62}N_4O$ (657.45): ber. C 79.47, H 9.70, N 8.43; gef. C 78.53, H 9.73, N 8.48 %.

1,8-Bis(diphenylamidino)-9,9-dimethylxanthen ($^{Ph}L_{Xan}H_2$) ***7***

Es werden 9,9-Dimethylxanthen (1.52 g, 7.2 mmol) und TMEDA (2.6 mL, 17.4 mmol) in 80 mL *n*-Hexan, eine 2.5 M Lösung *n*-BuLi (7.0 mL, 17.5 mmol) in *n*-Hexan und Diphenylcarbodiimid (3.40 g, 2.7 mL, 17.5 mmol) eingesetzt. Das Produkt (**7**) ist ein hellgelbes Pulver. Für die Einkristallröntgenstrukturanalyse geeignete Einkristalle erhält man aus DMSO.

Ausbeute: 1.69 g, (40 %).

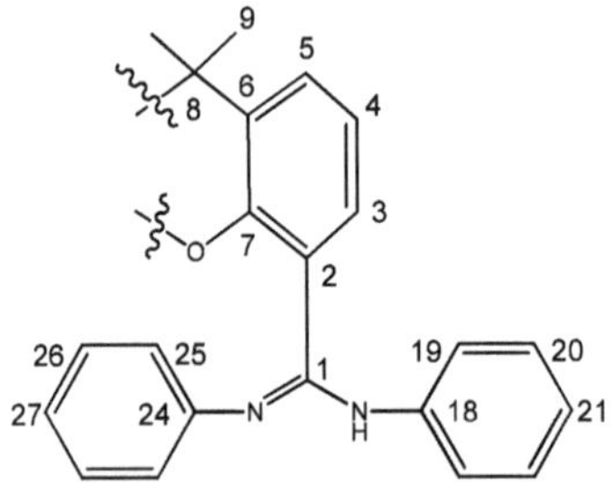

-^1H-NMR (d_6-DMSO, 300 MHz, 23 °C): δ = 1.41 (s, 6H, H_9), 6.66-6.69 (br, 6H, 2H, H_{21}, 4H, H_{25}), 6.92-6.96 (br, 6H, 4H, H_{20}, 2H, H_{27}), 7.03 (t, $^3J_{H,H}$ = 7.4 Hz, 2H, H_4), 7.13 (dd, $^3J_{H,H}$ = 7.4 Hz,$^4J_{H,H}$ = 1.4 Hz, 2H, H_5), 7.19 (br, 4H, H_{26}), 7.42 (dd, $^3J_{H,H}$ = 7.4 Hz, $^4J_{H,H}$ = 1.4 Hz, 2H, H_3), 7.83-7.86 (br, 4H, H_{19}), 9.25 (br s, 2H, -N*H*-C_6H_5) ppm.

-$^{13}C\{^{1}H\}$-NMR (d_6-DMSO, 75.5 MHz, 24.1 °C): δ = 32.7 (br s, C_9), 33.7 (C_8), 120.0 (C_{19}), 120.8 (C_{21}), 121.5 (C_{24}), 121.8 (C_{25}), 122.6 (C_2), 123.8 (C_3), 126.8 (C_4), 127.9 (m, $C_{5/20/26}$), 129.5 (C_{18}), 141.3 (C_1), 146.2 (C_6), 151.0 (C_{24}), 151.5 (C_7) ppm.

-EI/MS (70 eV, 160 °C): m/z (%) = 598 (M^+, 12), 506 (M^+-(NH-C_6H_5), 36), 404 (M^+-(C_6H_5-HN-C=N-C_6H_5), 61), 312 (M^+-(HN-C_6H_5)$_2$-NC_6H_5, 86), 195 (C_6H_5-HN-C=N-C_6H_5, 99).

-IR (ATR) (ṽ/cm^{-1}): 3324 (m), 3037(w), 2925 (s), 2850 (m), 2363 (w), 1625 (s), 1569 (vs), 1440 (m), 1343 (w), 1310 (m), 1269 (w), 1241 (m), 1186 (w), 1156 (w), 1087 (m), 1048 (w), 892 (m), 804 (w), 732 (w), 644 (vs), 538 (m).

-(**7**) $C_{41}H_{34}N_4O$ (598.27): ber. C 82.25, H 5.72, N 9.36; gef. C 81.17, H 5.65, N 9.19 %.

1,8-Bis((S)-1-phenylethylamidino)-9,9-dimethylxanthen ($^{(S)\text{-}PhMe}L_{Xan}H_2$) **8**

Es werden 9,9-Dimethylxanthen (1.71 g, 8.1 mmol) und TMEDA (2.9 mL, 19.0 mmol) in 80 mL *n*-Hexan, eine 2.5 M Lösung *n*-BuLi (7.6 mL, 19.0 mmol) in *n*-Hexan und Bis-((S)-1-phenylethyl)carbodiimid (4.76 g, 4.6 mL, 19.0 mmol) eingesetzt. Das Produkt (**8**) ist ein farbloses Pulver. Für die Einkristallröntgenstrukturanalyse geeignete Einkristalle erhält man bei Raumtemperatur aus Toluol.

Ausbeute: 3.11 g, (54 %).

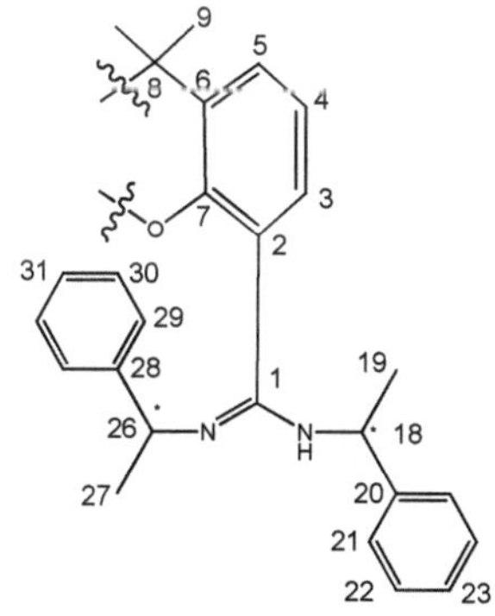

-^{1}H-NMR (d_6-DMSO, 300 MHz, 24 °C): δ = 1.30 (d, $^3J_{H,H}$ = 5.7 Hz, 6H, H_{19}), 1.51 (d, $^3J_{H,H}$ = 6.5 Hz, 6H, H_{27}), 1.68 (s, 6H, H_9), 3.89 (d, $^3J_{H,H}$ = 6.3 Hz, 2H, H_{26}), 5.27 (q, $^3J_{H,H}$ = 6.0 Hz, 2H, H_{18}), 6.57 (dd, $^3J_{H,H}$ = 13.4 Hz, $^4J_{H,H}$ = 6.4 Hz, 4H, H_{21}), 6.62 (dd, $^3J_{H,H}$ = 11.4 Hz, $^4J_{H,H}$ = 6.9 Hz, 4H, H_{29}), 6.91-6.93 (br, 6H, 2H, NH, 4H, H_{22}), 7.02 (t,

${}^3J_{H,H}$ = 7.6 Hz, 2H, H_4), 7.21 (d, ${}^3J_{H,H}$ = 7.6 Hz, 2H, H_5), 7.34 (t, ${}^3J_{H,H}$ = 7.6 Hz, 4H, $H_{23/31}$), 7.48 (d, ${}^3J_{H,H}$ = 7.4 Hz, 4H, H_{30}), 7.58 (dd, ${}^3J_{H,H}$ = 7.6 Hz, ${}^4J_{H,H}$ = 1.4 Hz, 2H, H_3) ppm.
-${}^{13}C\{{}^1H\}$-NMR (d_6-DMSO, 75 MHz, 24 °C): δ = 23.2 (C_{27}), 26.9 (C_{18}), 33.0 (C_8), 33.8 (C_9), 50.1 (C_{26}), 57.6 (C_{18}), 122.7 (C_4), 123.9 (C_2), 125.0 (br s, C_{22}), 125.7 (C_5), 125.9 (C_{29}), 126.1 (C_{30}), 126.8 (C_3), 127.3 (C_{21}), 127.9 ($C_{23/31}$), 129.5 (C_6), 145.9 (C_1), 147.8 (C_{28}), 148.7 (C_{20}), 152.1 (C_7) ppm.
-EI/MS (70 eV, 180 °C): m/z (%) = 710 (M^+, 12), 605 (M^+-$CHMeC_6H_5$, 62), 459 (M^+-(C_6H_5-MeCH-HN-C=NCHMe-C_6H_5), 6), 308 (20), 264 (75), 250 (C_6H_5-MeCH-HN-C=NCHMe-$C_6H_5^+$, 6), 220 (M^+-4PhMeCH-1Me-N_3H, 67).
-IR (ATR) (ṽ/cm^{-1}): 3433 (m), 3058(w), 3024 (w), 2966 (s), 2925 (m), 2867 (m), 1641 (vs), 1590 (m), 1487 (s), 1452 (m), 1424 (vs), 1357 (m), 1323 (m), 1292 (m), 1249 (s), 1204 (m), 1132 (m), 1066 (s), 1019 (s), 972 (w), 912 (w), 885 (m), 797 (s), 751 (s), 695 (vs), 662 (m), 607 (m), 538 (s), 425 (m).
-(**8**) $C_{49}H_{50}N_4O$ (710.95): ber. C 82.78, H 7.09, N 7.88; gef. C 82.03, H 7.53, N 7.86 %.

1,8-Bis(p-tolylamidino)-9,9-dimethylxanthen (${}^{p\text{-}Tolyl}L_{Xan}H_2$) ***9***

Es werden 9,9-Dimethylxanthen (2.02 g, 10.5 mmol) und TMEDA (3.7 mL, 25.0 mmol) in 80 mL *n*-Hexan, eine 2.5 M Lösung *n*-BuLi (10.0 mL, 25.0 mmol) in *n*-Hexan und Di-*p*-tolylcarbodiimid (5.47 g, 24.6 mmol) eingesetzt. Das Produkt (**9**) ist ein gelbes Pulver.

Ausbeute: 3.26 g, (47 %).

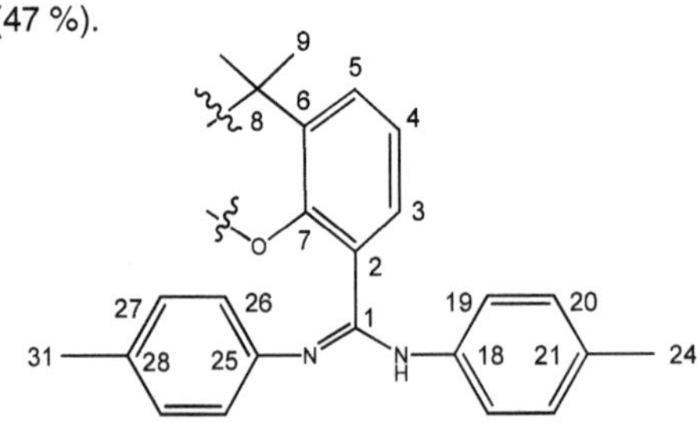

-^{1}H-NMR (d_6-DMSO, 300 MHz, 25 °C): δ = 1.39 (s, 6H, H_9), 2.05 (s, 6H, H_{24}), 2.26 (s, 6H, H_{31}), 6.51 (d, 6H, ${}^3J_{H,H}$ = 7.0 Hz, 4H, H_{20}), 6.70 (d, ${}^3J_{H,H}$ = 7.0 Hz, 4H, H_{19}), 6.96-6.99 (br, 4H, H_{26}), 7.03 (t, ${}^3J_{H,H}$ = 7.5 Hz, 2H, H_4), 7.09 (d, ${}^3J_{H,H}$ = 7.5 Hz, 2H, H_5),

7.41 (dd, $^3J_{H,H}$ = 7.5 Hz, $^4J_{H,H}$ = 1.2 Hz, 2H, H_3), 7.70 (br, 4H, H_{27}), 9.00 (br s, 2H, -N*H*-C_6H_4-Me) ppm.

-$^{13}C\{^1H\}$-NMR (d_6-DMSO, 75 MHz, 25 °C): δ = 20.3 (C_{24}), 20.6 (C_{31}), 32.0 (br s, C_9), 33.6 (C_8), 120.0 (C_{26}), 121.7 (C_{19}), 122.4 (C_2), 124.0 (C_4), 126.5 (C_5), 128.0 (C_{20}), 128.3 (C_{27}), 128.8 (C_{28}), 129.3 (C_{21}), 134.6 (C_6), 138.8 (C_{18}), 146.1 (C_{25}), 148.5 (C_1), 151.2 (C_7) ppm.

-EI/MS (70 eV, 210 °C): m/z (%) = 654 (M^+, 37), 548 (M^+-(NH-C_7H_8), 100), 455 (M^+-(HN-C_7H_8)$_2$-Me, 17), 325 (M^+-(HN-C_7H_8)$_2$-NC_7H_8 , 67), 220 ($C_{16}H_{12}O$, 27), 106 (HN-C_7H_8, 11).

-IR (ATR) ($\tilde{\nu}$/cm^{-1}): 3386 (m), 3021(w), 2965 (w), 2919 (m), 2861 (m), 1695 (w), 1628 (s), 1593 (s), 1523 (vs), 1506 (vs), 1420 (s), 1334 (s), 1259 (m), 1225 (s), 1108 (m), 1021 (m), 909 (w), 879 (w), 805 (s), 752 (s), 564 (m), 502 (m).

-(**9**) $C_{45}H_{42}N_4O$ (654.34): ber. C 82.54, H 6.46, N 8.56; gef. C 81.17, H 5.65, N 9.19 %.

*4.2.2.4. 4,5 Bis(dicyclohexylamidino)phenanthren **10***

Zu einer klaren farblosen Lösung von Phenanthren (1.52 g, 8.5 mmol) und frisch destilliertem TMEDA (3.0 mL, 20.0 mmol) in 80 mL *n*-Hexan wird bei 0 °C eine 2.5 M Lösung von *n*-BuLi (8.0 mL, 20.0 mmol) in *n*-Hexan innerhalb von 15 Minuten zugetropft. Die klare orangerote Lösung wird für vier Stunden am Rückfluss erhitzt, wobei eine Gasentwicklung beobachtet wird. Zu der rotbraunen Suspension wird bei Raumtemperatur innerhalb von 15 Minuten eine 1.8 M Lösung von Dicyclohexyl-carbodiimid (4.43 g, 21.5 mmol) in 12 mL *n*-Hexan zugetropft. Dabei wird ein Farbumschlag nach braungelb beobachtet. Anschließend wird die Suspension über Nacht gerührt. Die braune Suspension wird hydrolysiert und für weitere 45 Minuten gerührt. Man erhält eine klare orange Lösung. Nach der Entfernung der Lösungsmittel im Hochvakuum wird der orange Feststoff mit *n*-Pentan aufgenommen und filtriert. Nach der Entfernung des Lösungsmittels wird das Produkt analysenrein als oranger Feststoff erhalten. Für die Einkristallröntgenstrukturanalyse geeignete Einkristalle erhält man bei Raumtemperatur aus Diethylether.

Ausbeute: 1.51 g, (30 %).

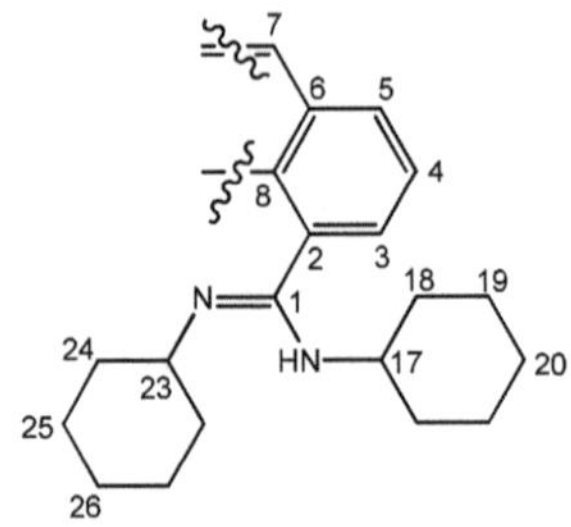

-^{1}H-NMR (d_6-DMSO, 300 MHz, 25 °C): δ = 1.24-1.82 (br m, 40H, $H_{18\text{-}20/24\text{-}26}$), 3.18 (m, 2H, H_{23}), 7.68 (m, 2H, H_4), 7.85 (s, 2H, H_7), 7.99 (m, 2H, H_5), 8.84 (dd, $^{3}J_{H,H}$ = 7.7 Hz, $^{4}J_{H,H}$ = 1.4 Hz, 2H, H_3) ppm.

-^{13}C{^{1}H}-NMR (d_6-DMSO, 75 MHz, 25 °C): δ = 24.0 (C_{25}), 24.5 (C_{19}), 25.0 (C_{26}), 25.3 (C_{20}), 33.3 (C_{18}), 34.5 (C_{24}), 54.7 (C_{17}), 57.1 (C_{23}), 122.9 (C_7), 126.8 ($C_{3/5}$), 128.5 (C_4), 129.7 (C_8), 131.6 (C_6), 132.7 (C_2), 142.1 (C_1) ppm.

-EI/MS (70 eV, 180 °C): m/z (%) = 590 (M^+, 0.2), 507 (M^+-Cy, 0.1), 383 (M^+-(Cy-HN-C=N-Cy), 1.5), 110 ($C_7H_{12}N^{3+}$, 3), 98 (CyN^+, 60).

-IR (ATR) (ṽ/cm^{-1}): 3387 (w), 3047 (w), 2921 (vs), 2849 (s), 2663 (w), 1620 (vs), 1565 (m), 1480 (m), 1449 (vs), 1365 (s), 1342 (m), 1304 (m), 1259 (m), 1209 (s), 1189 (m), 1147 (m), 1112 (m), 1028 (m), 983 (w), 923 (m), 891 (w), 851 (w), 827 (s), 766 (w), 731(s), 663 (m), 625 (m), 549 (w), 507 (w), 468 (m), 444 (m).

-(**10**) $C_{40}H_{54}N_4$ (590.88): ber. C 81.31, H 9.21, N 9.48; gef. C 81.33, H 9.56, N 9.31 %.

4.2.2.5. Kalium-N,N'-1,8-Bis(p-tolylamidinato)dibenzofuran ($^{p\text{-Tolyl}}L_{DBF}K_2$) **11**

Auf KH (170 mg, 4.24 mmol) und **5** (936 mg, 1.53 mmol) werden ungefähr 15 mL THF kondensiert, und das Reaktionsgemisch wird für vier Stunden unter Rühren am Rückfluss erhitzt. Das Reaktionsgemisch färbt sich orange und es ist eine Gasentwicklung zu beobachten. Das Lösungsmittel wird von der erhaltenen leuchtend orangen Suspension im Hochvakuum entfernt und der orange Rückstand mit *n*-Pentan gewaschen. Das Produkt wird als leuchtend oranges Pulver erhalten.

Ausbeute: 934 mg, (89 %).

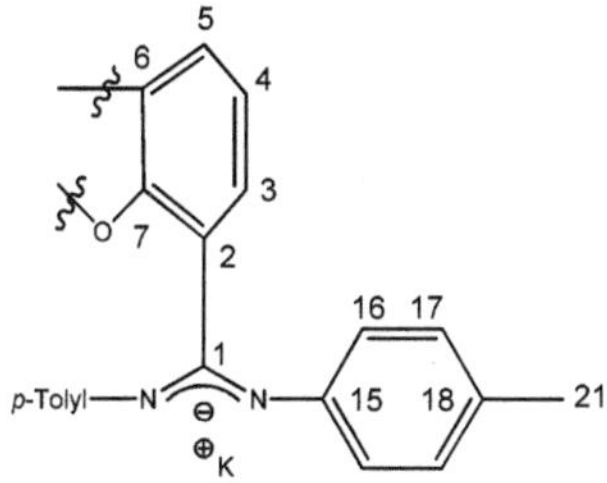

-^{1}H-NMR (d_8-THF, 300 MHz, 25 °C): δ = 2.09 (s, 12H, H_{21}), 6.46 (br s, 2H, H_3), 6.65 (br s, 16H, $H_{16/17}$), 6.95 (t, $^3J_{H,H}$ = 7.6 Hz, 2H, H_4), 7.58-7.63 (m, 2H, H_5) ppm.

-^{13}C{^{1}H}-NMR (d_8-THF, 75.5 MHz, 25.0 °C): δ = 21.1 (C_{21}), 118.1 (C_2), 123.5 (C_4), 124.1 (C_5), 125.7 (C_6), 127.8 ($C_{16/17}$), 130.7 (C_3), 135.3 (C_{18}), 147.0 (C_{15}), 153.0 (C_1), 171.5 (C_7) ppm.

-IR (ATR) (ṽ/cm^{-1}): 2917 (w), 2862 (w), 1587 (m), 1472 (vs), 1448 (vs), 1411 (m), 1381 (s), 1252 (m), 1224 (m), 1139 (w), 1108 (w), 1056 (m), 967 (w), 926 (w), 882 (m), 830 (m), 813 (m), 791 (m), 761 (s), 718 (w), 665 (w), 598 (m), 526 (m), 485(s).

4.2.2.5. [La$_4$(μ-Cl)$_4$($^{p\text{-Tolyl}}$L$_{DBF}$)$_4$(THF)$_4$] **12**

Auf eine Mischung von **11** (423 mg, 0.51 mmol) und $LaCl_3$ (335 mg, 1.37 mmol) werden ca. 20 mL THF aufkondensiert, und die leuchtend orange Suspension wird für 120 Stunden bei 54 °C gerührt. Nach 48 Stunden wird die leuchtorange Suspension hellgelb. Anschließend wird das Lösungsmittel im Hochvakuum entfernt. Der hellgelbe Rückstand wird in 15 mL Toluol aufgenommen und heiß filtriert. Die hellgelbe Lösung wird langsam auf Raumtemperatur abgekühlt. Nach fünf Stunden entstehen kleine gelbe Kristalle, die zur Röntgenstrukturanalyse geeignet sind.

Ausbeute: 135 mg, (31 %).

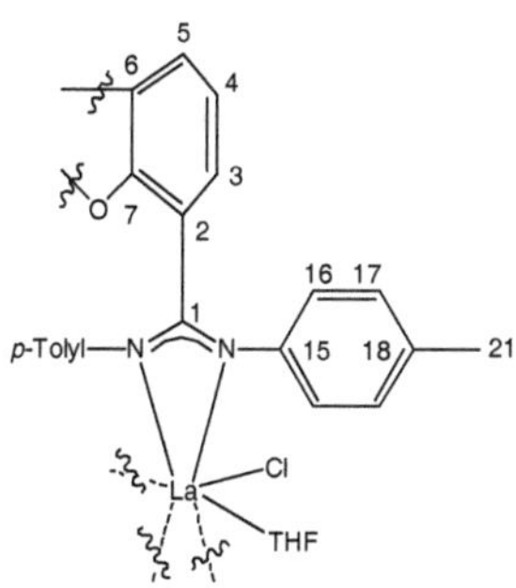

-^{1}H-NMR (d_8-THF, 300 MHz, 25 °C): δ = 1.96 (br, 48H, H_{21}), 6.69-6.84 (br, 32H, H_{17}), 6.97-7.17 (br, 32H, H_{16}), 7.32 (br dd, $^{3}J_{H,H}$ = 7.6 Hz, $^{4}J_{H,H}$ = 1.2 Hz, 8H, H_3), 7.80 (t, $^{3}J_{H,H}$ = 8.3 Hz, 8H, H_4), 7.95 (br d, $^{3}J_{H,H}$ = 8.3 Hz, 8H, H_5) ppm.

-^{13}C{^{1}H}-NMR (d_8-THF, 75.5 MHz, 25.0 °C): δ = 21.1 (br m, C_{21}), 120.2 (br m, C_2), 121.4 (br m, C_4), 122.3 (C_5), 124.5 (br m, C_6), 126.0 (br m, $C_{3/16}$), 128.8 (br m, C_{17}), 129.1 (C_{18}), 148.9 (br m, C_{15}), 153.7 (br m, C_7), 168.1 (br m, C_1) ppm.

-EI/MS (70 eV, 270 °C): m/z (%) = 1254 (0.1), 1029 (0.1), 813 (0.5), 697 ($La_4Cl_4^+$, 2), 612 ($^{p\text{-Tolyl}}L_{DBF}^+$, 40), 506 (>100), 368 (47), 309 (51), 236 (59), 83 (96), 57 (>100).

-IR (ATR) (ṽ/cm^{-1}): 3436 (w), 3055 (w), 3026 (w), 2966 (m), 2863 (m), 2362 (s), 2337 (s), 1635 (s), 1588 (s), 1522 (m), 1486 (s), 1438 (s), 1424 (vs), 1386 (m), 1362 (m), 1326 (m), 1294 (m), 1220 (s), 1172 (m), 1137 (m), 1115 (m), 1068 (m), 1027 (w) 997 (w), 976 (w), 917 (m), 883 (w), 818 (w), 799 (w), 748 (vs), 695 (vs), 668 (m), 505 (s).

*4.2.2.6. AAV 3: Darstellung der [$Ln_2(^{R}L_{DBF})_2(BTSA)_2$]-Bisamidinato-Dibenzofuran-Lanthanoidkomplexe **13-15***

Auf ein Gemisch (1:2) von $^{R}L_{DBF}H_2$ (**3**, **5**) und [$Ln(BTSA)_3$] werden 15 mL Toluol aufkondensiert und das Reaktionsgemisch wird für 96 Stunden bei 110 °C gerührt. Anschließend wird die heiße Suspension filtriert. Die klare gelbe Lösung wird langsam auf Raumtemperatur abgekühlt. Zur Röntgenstrukturanalyse geeignete Kristalle entstanden nach einigen Tagen unter den angegebenen Bedingungen. Abweichungen von der allgemeinen Vorschrift sind bei den einzelnen Verbindungen beschrieben.

[$La_2(^{p\text{-Tolyl}}L_{DBF})_2(BTSA)_2$] **13**

Es werden **5** (306 mg, 0.50 mmol) und [$La(BTSA)_3$] (620 mg, 1.00 mmol) in 15 mL Toluol verwendet. Das Produkt **13** fällt in Form gelber Kristalle an.

Ausbeute: 50 mg, (55 %).

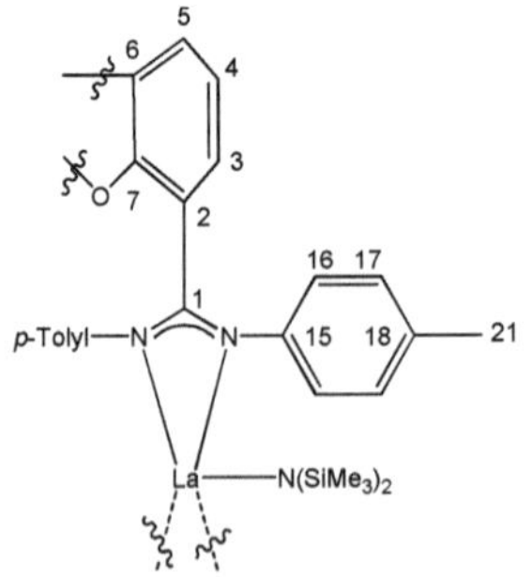

-^{1}H-NMR (C_6D_6, 300 MHz, 17 °C): δ = 0.10 (s, 18H, $SiMe_3$), 2.11 (s, 24H, H_{21}), 6.89 (br m, 8H, H_{17}), 7.00-7.16 (br m, 16H, H_{16}, H_3, H_4), 7.42 (br m, 4H, H_5) ppm.

-^{13}C{^{1}H}-NMR (C_6D_6, 75.5 MHz, 17.9 °C): δ = 3.0 ($SiMe_3$), 21.5 (C_{21}), 120.7 (C_2), 121.5 (C_4), 124.3 (C_5), 124.7 (C_6), 126.1 (C_{16}), 128.5 (C_{17}), 129.6 (C_3), 136.4 (C_{18}), 148.4 (C_{15}), 152.0 (C_7), 167.3 (C_1) ppm.

-IR (ATR) ($\tilde{\nu}$/cm^{-1}): 3394 (w), 3024 (w), 2918 (m), 2852 (m), 1629 (s), 1596 (vs), 1507 (vs), 1423 (m), 1369 (m), 1330 (m), 1256 (m), 1220 (s), 1188 (m), 1145 (w), 1106 (m), 1050 (m), 937 (w), 887 (w), 811 (vs), 757 (s), 573 (m), 517 (m).

-(**13**) $C_{96}H_{104}La_2N_{10}O_2Si_4$ (1820.07): ber. C 63.35, H 5.76, N 7.70; gef. C 62.56, H 6.03, N 6.41 %.

[Sm_2($^{p\text{-Tolyl}}L_{DBF}$)$_2$(BTSA)$_2$] **14**

Es werden **5** (61 mg, 0.1 mmol) und [Sm(BTSA)$_3$] (125 mg, 0.2 mmol) in 15 mL Toluol verwendet. Das Produkt **14** fällt in Form dunkelgelber Kristalle an.

Ausbeute: 5 mg, (27 %).

-IR (ATR) ($\tilde{\nu}$/cm^{-1}): 3298 (m), 3022 (m), 2919 (m), 2864 (m), 1638 (m), 1595 (s), 1505 (vs), 1423 (s), 1406 (s), 1370 (m), 1327 (s), 1218 (s), 1194 (s), 1140 (m), 1108 (m), 1086 (m), 1053 (s), 935 (w), 890 (m), 853 (m), 818 (vs), 792 (m), 756 (s), 652(m), 601 (m), 531 (m), 506 (s).

-(**14**) $C_{96}H_{104}N_{10}O_2Si_4Sm_2$ (1842.98): ber. C 62.56, H 5.60, N 7.60; gef. C 61.78, H 5.31, N 7.71 %.

[La_2($^{Ph}L_{DBF}$)$_2$(BTSA)$_2$(THF)$_2$] **15**

Es werden **3** (292 mg, 0.52 mmol) und [La(BTSA)$_3$] (336 mg, 0.54 mmol) in 15 mL Toluol verwendet. Das Produkt **15** fällt in Form brauner Kristalle an.

Ausbeute: 226 mg, (48 %).

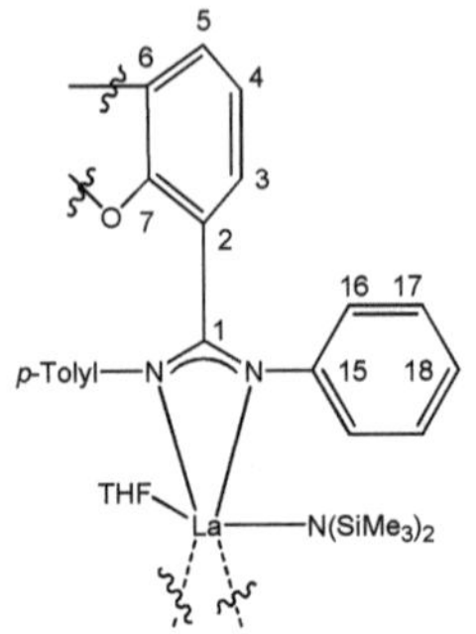

-^{1}H-NMR (d_8-THF, 300.1 MHz, 24 °C): δ = 0.04 (s, 18H, $SiMe_3$), 6.46-7-19 (br m, 48H, $H_{16\text{-}18}$, H_3, H_4), 7.66 (br m, 4H, H_5) ppm.

-^{13}C{^{1}H}-NMR (d_8-THF, 75.5 MHz, 24.0 °C): δ = 2.9 ($SiMe_3$), 120.0 (C_2), 121.6 (C_4), 122.7 (C_5), 126.2 (C_6), 126.8 (C_3), 129.0 (C_{16}), 129.8 (C_{17}), 139.1 (C_{18}), 149.3 (C_{15}), 157.8 (C_7), 169.4 (C_1) ppm.

-EI/MS (70 eV, 190 °C): m/z (%) = 1134 (M^{+}-$^{Ph}L_{DBF}$-BTSA, 0.1), 991 (M^{+}-$^{Ph}L_{DBF}$-2BTSA-2THF-Me, 1), 976 (M^{+}-$^{Ph}L_{DBF}$-2BTSA-2THF-2Me, 1), 846 (M^{+}-$^{Ph}L_{DBF}$-BTSA-2THF-2SiMe$_3$, 1), 554 ($^{Ph}L_{DBF}{}^{+}$, 3), 299 ($LaBTSA^{+}$, 15), 160 ($BTSA^{+}$, 20), 77 (Ph^{+}, 46), 72 (THF^{+}, 14).

-IR (ATR) ($\tilde{v}$/cm^{-1}): 3056 (w), 2953 (w), 1635 (m), 1588 (vs), 1521 (s), 1485 (vs), 1463 (s), 1442 (s), 1323 (m), 1245 (s), 1181 (s), 1094 (m), 1072 (m), 1028 (m), 982 (m), 929 (m), 836 (m), 750 (vs), 693 (vs), 503 (s).

-(**15** - 2THF) $C_{88}H_{88}La_2N_{10}O_4Si_4$ (1706.43): ber. C 61.89, H 5.19, N 8.20; gef. C 57.96, H 4.61, N 6.45 %.

*4.2.2.7. Darstellung der [$Ln_X(^{R}L_{Xan})_X(THF)_X$]-Bisamidinato-Xanthen-Lanthanoidkomplexe **16-18***

Auf ein Gemisch (1:1) von **6** oder **7** und [$Ln(BTSA)_3$] (Ln = La, Sm) oder [$Y(DMBA)_3$] wird Toluol kondensiert und die Reaktionsgemische werden einige Tage am Rückfluss erhitzt. Anschließend werden die heißen Suspensionen filtriert. Die klaren gelben Lösungen werden langsam auf Raumtemperatur abgekühlt. Zur Einkristallröntgenstrukturanalyse geeignete Kristalle entstanden nach einigen Tagen unter den angegebenen Bedingungen.

[La($^{Cy}L_{Xan}$)(BTSA)] **16**

Der Bisamidin Ligand **6** (694 mg, 1.11 mmol) und $La(BTSA)_3$ (647 mg, 1.04 mmol) werden in 15 ml Toluol für 136 Stunden bei 90 °C gerührt. Anschließend wird die hellgelbe Lösung heiß filtriert. Die klare hellgelbe Lösung wird langsam auf Raumtemperatur abgekühlt und auf ca. 1 ml eingeengt. Nach zwei Tagen werden farblose Kristalle des Produkts **16** erhalten, die für die Röntgenstrukturanalyse geeignet sind.

Ausbeute: 576 mg, (60 %).

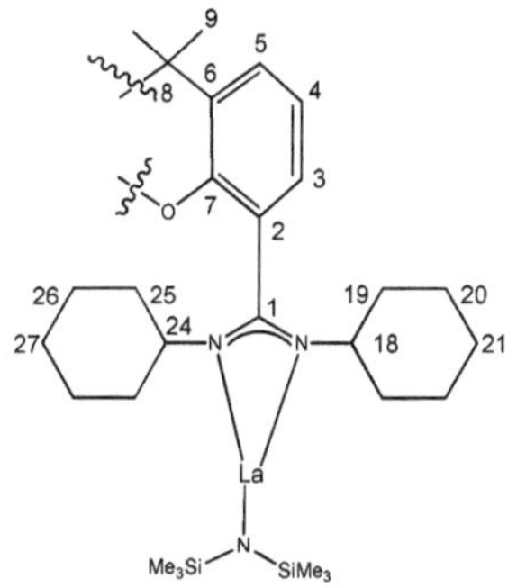

-^{1}H-NMR (d_8-THF, 300 MHz, 25 °C): δ = 0.04 (br s, 18H, $SiMe_3$), 0.94-1.08 (br m, 20H, 8H, H_{20}, 8H, $H_{21/27}$, 4H, H_{19}), 1.45 (br m, 16H, 8H, H_{26}, 4H, H_{19}, 4H, H_{25}), 1.62 (s, 6H, H_9), 1.82-1.86 (m, 4H, H_{25}), 2.83 (quint, 4H, $H_{18/24}$), 7.05 (t, $^3J_{H,H}$ = 7.7 Hz, 2H, H_4), 7.11-7.18 (br m, 2H, H_5), 7.44 (dd, $^3J_{H,H}$ = 7.7 Hz, $^4J_{H,H}$ = 1.6 Hz, 2H, H_3) ppm.

-^{13}C{^{1}H}-NMR (d_8-THF, 75.5 MHz, 25.0 °C): δ = 2.0 ($SiMe_3$), 21.7 (C_9), 27.1 (m, C_{26}), 27.2 (m, C_{20}), 33.3 ($C_{21/27}$), 35.1 (C_8), 36.7 (C_{25}), 37.9 (C_{19}), 59.7 (C_{18}), 122.8 (C_2), 126.2 (C_3), 126.6 (C_4), 130.1 (C_5), 138.6 (C_6), 146.4(C_7), 168.3 (C_1) ppm.

-EI/MS (70 eV, 250 °C): m/z (%) = 904 (M^+-CH_3, 2), 836 (M^+-Cy, 2), 759 (M^+-(BTSA), 5), 676 (M^+-Cy-BTSA, 2), 622 ($^RL_{Xan}{}^+$, 2), 299 $(La(BTSA)^+$, 1), 160 ($N(SiMe_3)_2{}^+$, 3), 98 ($CyNH^+$, 6), 97 (CyN^+, 5), 83 (Cy^+, 15).

-IR (ATR) (ṽ/cm^{-1}): 3438 (w), 2923 (vs), 2851 (s), 2362 (w), 2337 (w), 1634 (s), 1593 (m), 1484 (m), 1448 (m), 1421 (vs), 1362 (m), 1344 (m), 1320 (m), 1291 (m), 1247 (s), 1234 (s), 1199 (m), 1178 (m), 1107 (m), 1067 (m), 1027 (m), 1010 (w), 930 (s), 883 (m), 839 (s), 802(m), 750 (s), 681 (m), 618 (w), 598 (w), 524 (m).

-(**16**) $C_{47}H_{74}LaN_5OSi_2$ (919.45): ber. C 61.35, H 8.11, N 7.61; gef. C 61.81, H 8.27, N 7.46 %.

$[Eu_2(^{Ph}L_{Xan})_3(THF)_2]$ 17

Der Bisamidin Ligand **7** (597 mg, 1.00 mmol) und $[Eu(BTSA)_3]$ (631 mg, 1.00 mmol) werden in 20 mL Toluol für 20 Stunden am Rückfluss erhitzt. Anschließend wird die dunkelrote Suspension filtriert und das Lösungsmittel im Hochvakuum entfernt. Das erhaltene violette Öl wurde mehrmals mit *n*-Pentan gewaschen. Nach der Entfernung des Lösungsmittels wird das Produkt **18** analysenrein als violetter Feststoff erhalten. Für die Einkristallröntgenstrukturanalyse geeignete Einkristalle erhält man bei Raumtemperatur nach einigen Tagen aus THF/*n*-Pentan (1:10).

Ausbeute: 156 mg, (14 %).

-IR (ATR) ($\tilde{v}/cm^{-1}$): 3052 (w), 2958 (w), 1634 (m), 1589 (s), 1520 (m), 1486 (s), 1438 (s), 1418 (vs), 1362 (m), 1325 (m), 1291 (m), 1215 (s), 1171 (m), 1112 (m), 1069 (m), 1026 (m), 996 (m), 920 (m), 879 (m), 800 (m), 746 (vs), 717(w), 693 (vs), 651 (m), 615 (m), 592 (m), 574 (m), 506 (s).
-(**17**) $C_{131}H_{112}Eu_2N_{12}O_5$ (2238.30): ber. C 70.29, H 5.04, N 7.51; gef. C 67.25, H 5.26, N 6.76 %.

$[Y_2(^{Cy}L_{Xan})_3]$ 18

Der Bisamidin Ligand **6** (755 mg, 1.21 mmol) und $[Y(DMBA)_3]$ (597 mg, 1.21 mmol) werden in 20 mL Toluol zunächst für zwölf Stunden bei RT gerührt und anschließend für 24 Stunden bei 44 °C. Anschließend wird die rotbraune Suspension filtriert, das Lösungsmittel im Hochvakuum entfernt und mit *n*-Pentan (3 x 10 mL) gewaschen. Der erhaltene orange Feststoff wird in 2 mL THF gelöst. Nach fünf Tagen werden gelbe Kristalle erhalten.

Ausbeute: 210 mg, (17 %).

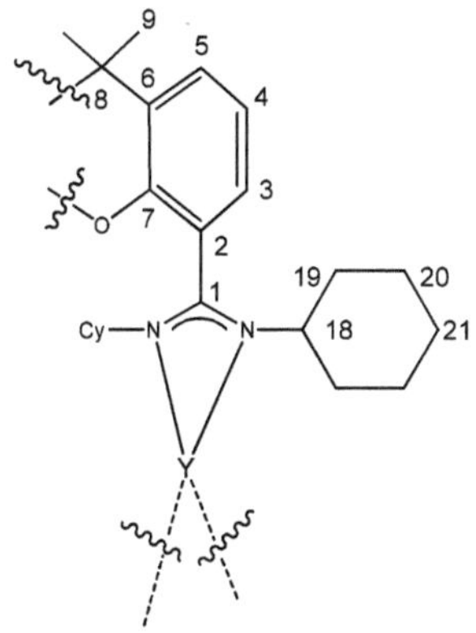

-^{1}H-NMR (d_8-THF, 300 MHz, 25 °C): δ = 1.11 (d, $^3J_{H,H}$ = 6.5 Hz, 48H, H_{20}), 1.27 (d, $^3J_{H,H}$ = 6.5 Hz, 48H, H_{19}), 1.47 (t, $^3J_{H,H}$ = 6.5 Hz, 24H, H_{21}), 1.79 (s, 18H, H_9), 3.98-4.11 (br m, 18H, H_{18}), 7.05 (d, $^3J_{H,H}$ = 7.6 Hz, 6H, H_5), 7.19 (t, $^3J_{H,H}$ = 7.6 Hz, 6H, H_4), 8.00 (dd, $^3J_{H,H}$ = 7.6 Hz, $^4J_{H,H}$ = 1.2 Hz, 6H, H_3) ppm.

-^{13}C{^{1}H}-NMR (d_8-THF, 75 MHz, 25 °C): δ = 23.8 (C_9), 26.6 (C_8), 27.4 (m, C_{26}), 28.1 (m, C_{20}), 28.2 (C_{21}), 35.2 (C_{25}), 36.1 (C_{19}), 59.8 (C_{18}), 122.1 (C_2), 126.0 (C_3), 126.4 (C_4), 129.8 (C_5), 134.3 (C_6), 148.3(C_7), 169.1 (C_1) ppm.

-IR (ATR) ($\tilde{\nu}$/cm^{-1}): 3395 (w), 3023 (w), 2965 (w), 2918 (w), 2861 (w), 1629 (m), 1591 (s), 1507 (vs), 1422 (s), 1330 (m), 1224 (s), 1111 (m), 1072 (w), 1036 (w), 911 (m), 879 (m), 809 (s), 753 (s), 699 (w), 513 (s).

*4.2.2.8. Darstellung des Liganden dmpbipy **19***

0.44 g (3.3 mmol) von K{(3,5-Me_2pz)(THF)} und 1.04 g (4.4 mmol) von 6-Bromo-2,2´-bipyridin werden in 25 mL Diglyme unter Stickstoffatmosphäre gelöst. Die gelbe Reaktionslösung wird für 120 Stunden am Rückfluss erhitzt. Nach 48 Stunden wird die Bildung von Kaliumbromid beobachtet. Nach der Entfernung der flüchtigen Bestandteile im Hochvakuum wird der erhaltene farblose Rückstand in Diethylether gelöst und filtriert. Nach einer zweiten Filtration und der Entfernung des Lösungsmittels konnte das farblose Produkt **19** analysenrein erhalten werden. Für die Röntgenstrukturanalyse geeignete Einkristalle erhält man bei Raumtemperatur aus *n*-Pentan.

Ausbeute: 0.67 g, (81 %).

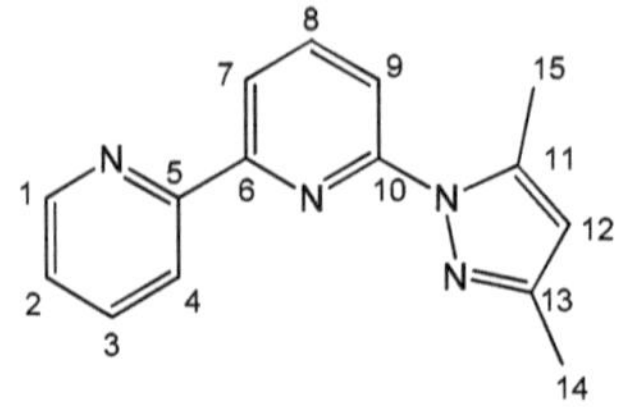

- ^{1}H-NMR ($CDCl_3$, 400 MHz, 25 °C): δ = 2.29 (s, 3H, Me_{15}), 2.75 (s, 3H, Me_{14}), 5.99 (br s, 1H, H_{12}), 7.26 (dd, $^{3}J_{H(2),H(3)}$ = 7.5 Hz, $^{4}J_{H(2),H(4)}$ = 1.2 Hz, 1H, H_2), 7.59 (t, $^{3}J_{H(3),H(4)}$ = 7.8 Hz, 1H, H_3), 7.86 (d, $^{3}J_{H(8),H(7)}$ = 8.1 Hz, 1H, H_8), 7.89 (dd, $^{3}J_{H(9),H(8)}$ = 8.2 Hz, $^{4}J_{H(9),H(7)}$= 1.6 Hz, 1H, H_9), 8.32 (dd, $^{3}J_{H(3),H(4)}$= 7.8 Hz, $^{4}J_{H(2),H(4)}$= 1.2 Hz, 1H, H_4), 8.34 (dd, $^{3}J_{H(7),H(8)}$= 8.1 Hz, $^{4}J_{H(7),H(9)}$= 1.6 Hz, 1H, H_7), 8.53 (dq, $^{3}J_{H(1),H(2)}$ = 4.8 Hz, $^{4}J_{H(1),H(3)}$= 1.8 Hz, $^{5}J_{H(1),H(4)}$= 0.9 Hz, 1H, H_1) ppm.
- $^{13}C\{^{1}H\}$ NMR ($CDCl_3$, 100 MHz, 25 °C): δ = 13.7 (C_{15}), 15.2 (C_{14}), 109.2 (C_{12}), 115.6 (C_9), 117.7 (C_7), 121.0 (C_4), 123.1 (C_2), 136.9 (C_3), 139.3 (C_8), 141.3 (C_{11}), 149.1 (C_{13}), 149.2 (C_1), 149.8 (C_{10}), 154.4 (C_5), 157.3 (C_6) ppm.

Die NMR-Daten stimmen mit der Literatur überein.

*4.2.2.9. AAV 4: Darstellung der Lanthanoidkomplexe **21**, **22** mit dmpbipy*

19 und [$Ln(NO_3)_3 \cdot 6H_2O$] (Ln = Sm, Eu) werden in 10 mL DMSO gelöst und für 24 Stunden am Rückfluss erhitzt. Nach der Entfernung des Lösungsmittels im Hochvakuum wird das Produkt analysenrein aus heißem Ethanol erhalten. Nach einigen Tagen entstehen kleine Kristalle, die zur Röntgenstrukturanalyse geeignet sind. Abweichungen von der allgemeinen Vorschrift sind bei den einzelnen Verbindungen beschrieben.

[Eu(dmpbipy)$(NO_3)_3(H_2O)$] **21**

Es werden **19** (290 mg, 1.15 mmol) und [$Eu(NO_3)_3 \cdot 6H_2O$] (172 mg, 0.43 mmol) in einem Gemisch aus 10 mL Dichlormethan, 5 mL THF und 5 mL Ethanol suspendiert und für zwölf Stunden bei 45 °C gerührt. Nach der Filtration des Reaktionsgemisches kann das Produkt **21** analysenrein nach Abdampfen des Lösungsmittels in Form farbloser Kristalle erhalten werden, welche für die Röntgenstrukturanalyse geeignet sind.

Ausbeute: 115 mg, (45 %).

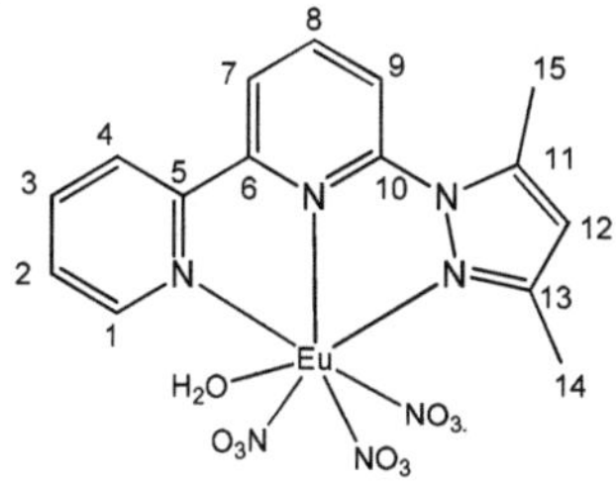

-^{1}H-NMR (CD_3CN, 300 MHz, 23 °C): δ = 2.25 (br, 3H, Me_{15}), 2.77 (br, 3H, Me_{14}), 6.10 (br, 1H, H_{12}), 7.41 (m, 1H, H_2), 7.88-7.99 (m, 3H, H_7, H_3, H_8), 8.27-8.38 (m, 2H, H_9, H_4), 8.68 (m, 1H, H_1) ppm.

-IR (ATR) ($\tilde{\nu}$/cm^{-1}): 2962 (s), 2523 (w), 2159 (w), 2029 (w), 1975 (w), 1563 (w), 1455 (w), 1308 (w), 1258 (s), 1009 (s), 863 (s), 789 (s), 700 (s), 684 (s), 661 (s).

[Sm(dmpbipy)(NO_3)$_3$(DMSO)] **22**

Es werden **19** (310 mg, 1.24 mmol) und [Sm(NO_3)$_3$·6H_2O] (183 mg, 0.41 mmol) in 10 mL DMSO verwendet.

Ausbeute: 205 mg, (75 %).

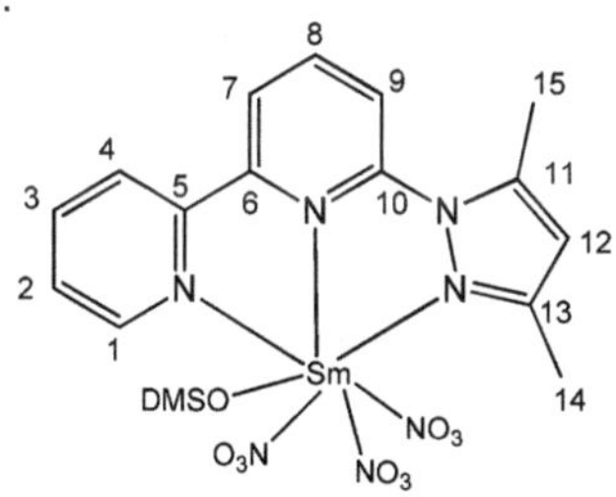

-^{1}H NMR (d_6-DMSO, 400 MHz, 22 °C): δ = 2.20 (s, 3H, Me_{15}), 2.54 (s, 6H, OS(Me_2)$_3$), 2.73 (s, 3H, Me_{14}), 6.15 (s, 1H, Me_{12}), 7.46 (dd, $^3J_{H(2),H(3)}$ = 7.7 Hz, $^3J_{H(2),H(1)}$ = 4.8 Hz, 1H, H_2), 7.86 (d, $^3J_{H(7),H(8)}$ = 8.0 Hz, 1H, H_7), 7.97 (dt, $^3J_{H(2),H(3)}$ = 7.7 Hz, $^4J_{H(1),H(3)}$ = 1.8 Hz, 1H, H_3), 8.05 (t, $^3J_{H(8),H(9)}$ = 8.0 Hz, 1H, H_8), 8.25 (d, $^3J_{H(3),H(4)}$ = 7.7 Hz, 1H, H_4), 8.29 (d, $^3J_{H(9),H(8)}$ = 8.0 Hz, 1H, H_9), 8.69 (d, $^3J_{H(1),H(12)}$ = 4.8 Hz, 1H, H_1) ppm.

-$^{13}C\{^{1}H\}$ NMR (d_6-DMSO, 100 MHz, 22 °C): δ = 13.6 (C_{15}), 15.1 (C_{14}), 40.4 ($OS(Me_3)_2$), 109.6 (C_{12}), 115.38 (C_9), 117.6 (C_4), 120.8 (C_2), 124.7 (C_7), 137.8 (C_3), 140.3 (C_8), 141.0 (C_{11}), 149.3 (C_{13}), 149.6 (C_1), 150.0 (C_{10}), 152.8 (C_5), 154.8 (C_6) ppm.

-IR (ATR) (ṽ/cm^{-1}): 3627 (w), 3184 (w), 2925 (w), 2858 (w), 2496 (w), 2159 (w), 2025 (w), 1974 (w), 1742 (w), 1599 (s), 1560 (s), 1457 (w), 1360 (w), 1287 (s), 1069 (s), 1030 (s), 996 (s), 959 (s), 815 (s), 777 (s), 735 (s), 681 (s), 648 (w).

-EI/MS (70 eV, 180 °C) *m/z* (%): 576 (M^+ - 3 NO, 0.3), 565 (0.4), 551 (1.4), 463 (M^+ - 2 NO_3, DMSO, 0.5), 250 (dmpbipy, 71), 235 (46), 222 (12), 209 (40), 171 (17), 156 (95), 78 (100), 62 (NO_3, 68), 48 (27), 30 (6).

-(**21**) $C_{17}H_{20}N_7O_{10}S$ (664.81): ber. C 30.71, H 3.03, N 14.75; gef. C 30.64, H 3.10, N 14.35 %.

*4.2.2.10. AAV 5: Darstellung der Lanthanoidkomplexe **23**, **24** mit C5-BPP*

20 und $[Ln(NO_3)_3 \cdot 6H_2O]$ (Ln = Sm, Eu) werden in DMF gelöst und bei erhöhter Temperatur gerührt. Nach Filtration und der Entfernung der Lösungsmittel werden die Produkte analysenrein erhalten. Für die Röntgenstrukturanalyse geeignete farblose Einkristalle erhält man bei Raumtemperatur aus DMF/Diethylether (1:10). Abweichungen von der allgemeinen Vorschrift sind bei den einzelnen Verbindungen beschrieben.

$[Sm(C5\text{-}BPP)(NO_3)_3(DMF)]$ **23**.

Es werden **20** (216 mg, 0.61 mmol) und $[Sm(NO_3)_3 \cdot 6H_2O]$ (91 mg, 0.21 mmol) in 3 mL DMF verwendet und bei 41 °C für 37 Stunden gerührt.

Ausbeute: 99 mg, (64 %).

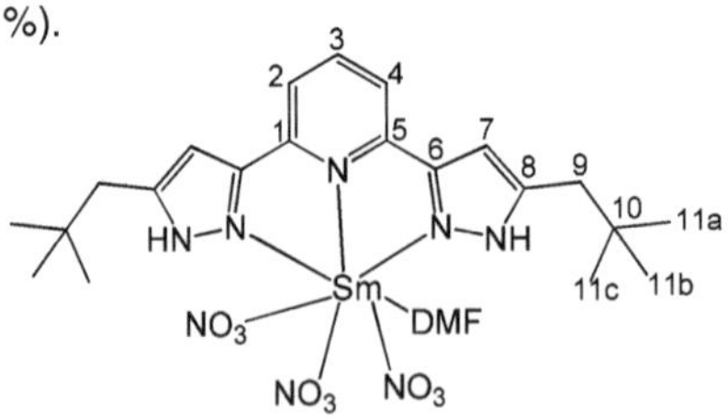

-^{1}H-NMR (d_8-THF, 300 MHz, 25 °C): δ = 0.97 (s, 18H, CH_3, H_{11}), 2.70 (s, 4H, CH_2, H_9), 2.75 (s, 3H, CH_3, DMF), 2.88 (s, 3H, CH_3, DMF), 6.66 (s, 2H, CH, H_7), 7.95 (s, 1H, C*H*, DMF), 8.03 (d, $^{3}J_{H,H}$ = 7.7 Hz, 2H, $H_{2/4}$), 8.25 (t, $^{3}J_{H,H}$ = 7.7 Hz, 1H, H_3), 10.98 (br s, 2H, N*H*) ppm.

-^{13}C{^{1}H} NMR (d_8-THF, 75 MHz, 25 °C): δ = 29.6 (C_{11}), 31.1 (CH_3, DMF), 32.2 (C_{10}), 36.1 (CH_3, DMF), 39.6 (C_9), 103.2 (C_7), 118.5 ($C_{2/4}$), 141.4 (C_8), 144.5 (C_6), 153.4 ($C_{1/5}$), 162.6 (*C*HO, DMF) ppm.

-IR (ATR) (ṽ/cm^{-1}): 3299 (w), 2966 (w), 2867 (w), 1650 (s), 1613 (w), 1574 (w), 1505 (w), 1462 (s), 1426 (w), 1381 (w), 1367 (w), 1318 (s), 1280 (s), 1240 (w), 1228 (w), 1175 (w), 1161 (w), 1139 (w), 1115 (w), 1098 (w), 1037 (w), 1026 (w), 1010 (w), 978 (w), 828 (s), 812 (s), 758 (w), 736 (w), 735 (w), 703 (w), 675 (s), 544 (w).

-(**23**·DMF) $C_{27}H_{43}N_{10}O_{11}Sm$ (834.05): ber. C 38.88, H 5.20, N 16.79; gef. C 39.19, H 5.25, N 16.46 %.

[Eu(C5-BPP)$(NO_3)_3$(DMF)] **24**.

Es werden **20** (180 mg, 0.51 mmol) und [Eu$(NO_3)_3$·$6H_2O$] (76 mg, 0.17 mmol) in 3 mL DMF verwendet und bei 48 °C für 120 Stunden gerührt.

Ausbeute: 116 mg, (90 %).

-IR (ATR) (ṽ/cm^{-1}): 2957 (w), 1654 (w), 1574 (w), 1460 (w), 1259 (s), 1090 (s), 1012 (s), 796 (vs), 753 (w), 736 (w), 661 (w).

-(**24**·3 DMF) $C_{33}H_{57}N_{12}O_{13}Eu$ (981.84): ber. C 40.37, H 5.85, N 17.12; gef. C 40.87, H 5.95, N 16.88 %.

4.3. Kristallstrukturuntersuchungen

4.3.1. Datensammlung und Verfeinerung

Die Bestimmung der Reflexlagen und -intensitäten erfolgte in der vorliegenden Arbeit mit Hilfe eines *STOE IPDS 2*. Es arbeitet mit einer Mo-Anode (Mo-K_α-Strahlung; λ = 0.71073 Å) und nachgeschaltetem Graphitmonochromator. Die zu messenden Kristalle wurden mit Hilfe eines Polarisationsmikroskops unter Mineralöl ausgesucht und mit etwas Öl in einem kalten Stickstoffstrom (-123 °C), bzw. unter trocknender Luft (-73 °C) an einen Glasfaden auf dem Goniometerkopf befestigt.

Die Strukturanalysen gliedern sich in folgende Schritte:

1. Bestimmung der Orientierungsmatrix und der Gitterkonstanten anhand der Orientierungsparameter.
    a. von 500-1000 Reflexen im gesamten Messbereich aus mehreren Aufnahmen.
2. Bestimmung von Reflexintensitäten
    a. durch Anpassen der Integrationsbedingungen an das gemittelte Reflexprofil und anschließendes Auslesen aller Aufnahmen.
3. Datenreduktion und Korrekturen
    a. Lorentz- und Polarisationsfaktorkorrektur.
4. Die Strukturbestimmung wurde mit den Programmen *SHELXS*[117], *SHELXL*[118], *PLATON*[88] *WINGX32*[119], *X-STEP32*[120] und *OLEX2*[121] auf einem *Intel Core i7* PC durchgeführt. Die Lösung der Kristallstrukturen erfolgte über Direkte Methoden oder die Patterson Methode und anschließende Differenzfouriersynthesen. Die Optimierung der Atomparameter durch Verfeinerung nach der Methode der kleinsten Fehlerquadrate gegen F_0^2 für die gesamte Matrix.
5. Zur Erstellung von Molekülbildern wurde das Programm *Diamond 3.2c* verwendet.[122]

Die kristallographischen Daten der bereits publizierten Strukturen wurden an das Cambridge Crystallographic Data Centre übermittelt. Kopien können bei Anfrage an CCDC, 12 Union Road, Cambridge CB21EZ, UK unter der Angabe der jeweiligen CCDC-Nummer kostenfrei erhalten werden.

4.3.2. Daten zu den Kristallstrukturanalysen

Die mit * gekennzeichneten Summenformeln weisen auf die mittels der SQUEEZE Operation des Programmpaketes Platon[88] neu berechneten Datensätze hin. In der Summenformel sind nur etwaige frei verfeinerter Lösungsmittelmoleküle beinhaltet.

*4.3.2.1. Kristallstruktur des Benzo[de]isochinolin (**1**)*

Summenformel	$C_{33}H_{27}N_3$
Molekulargewicht [g/mol]	465.58
Kristallsystem	Triklin
Raumgruppe	$P\bar{1}$ (Nr. 2)
Gitterkonstanten a, b, c [Å]	10.367(2), 10.645(2), 23.714(5)
α, β, γ [°]	95.94(3), 95.36(3), 106.04(3)
Zellvolumen [Å^3]	2481.1(9)
Zahl der Formeleinheiten je Elementarzelle	4
Röntgenographische Dichte [g/cm^3]	1.246
Messtemperatur [K]	200(2)
Absorptionskorrektur	keine
Absorptionskoeffizient [mm^{-1}]	0.073
Gemessene Reflexe mit $F_O > 4\sigma(F_O)$	17947
Unabhängige Reflexe	9916 [R_{int} = 0.0396]
Beobachtete Reflexe [$I > 2\sigma(I)$]	6949
R_1 [$I > 2\sigma(I)$]	0.0619
wR_2 (alle Daten)	0.1739
GooF	1.017

4.3.2.2. Kristallstruktur von $^{Cy}L_{DBF}H_2$ (**2**)

Summenformel	$C_{38}H_{52}N_4O$
Molekulargewicht [g/mol]	580.84
Kristallsystem	Monoklin
Raumgruppe	*C2/c* (Nr. 15)
Gitterkonstanten *a, b, c* [Å]	21.4521(9), 8.7054(2), 18.5377(7)
β [°]	98.962(3)
Zellvolumen [Å^3]	3419.6(2)
Zahl der Formeleinheiten je Elementarzelle	4
Röntgenographische Dichte [g/cm^3]	1.128
Messtemperatur [K]	200(2)
Absorptionskorrektur	Integration
Absorptionskoeffizient [mm^{-1}]	0.068
Gemessene Reflexe mit $F_O > 4\sigma(F_O)$	38856
Unabhängige Reflexe	4596 [R_{int} = 0.0727]
Beobachtete Reflexe [$I > 2\sigma(I)$]	3366
R_1 [$I > 2\sigma(I)$]	0.0579
wR_2 (alle Daten)	0.1075
GooF	1.040

4.3.2.3. Kristallstruktur von $^{Ph}L_{DBF}H_2$ (**3**)

Summenformel	$C_{38}H_{28}N_4O$
Molekulargewicht [g/mol]	556.64
Kristallsystem	Triklin
Raumgruppe	$P\bar{1}$ (Nr. 2)
Gitterkonstanten *a, b, c* [Å]	9.6526(19), 12.043(2), 13.100(3)
α, β, γ [°]	108.54(3), 92.99(3), 98.82(3)
Zellvolumen [Å^3]	1418.5(5)
Zahl der Formeleinheiten je Elementarzelle	2
Röntgenographische Dichte [g/cm^3]	1.303
Messtemperatur [K]	150(2)
Absorptionskorrektur	keine
Absorptionskoeffizient [mm^{-1}]	0.080
Gemessene Reflexe mit $F_O > 4\sigma(F_O)$	19799
Unabhängige Reflexe	7640 [R_{int} = 0.0530]
Beobachtete Reflexe [$I > 2\sigma(I)$]	4220
R_1 [$I > 2\sigma(I)$]	0.0421
wR_2 (alle Daten)	0.0678
GooF	0.915

4.3.2.4. Kristallstruktur von $^{(S)\text{-}PhMe}L_{DBF}H_2$ (**4**)

Summenformel	$C_{46}H_{44}N_4O$
Molekulargewicht [g/mol]	668.85
Kristallsystem	Triklin
Raumgruppe	*P*1 (Nr. 1)
Gitterkonstanten *a*, *b*, *c* [Å]	8.491(2), 9.970(2), 11.517(2)
α, *β*, *γ* [°]	87.83(3), 83.53(3), 77.76(3)
Zellvolumen [Å^3]	946.6(3)
Zahl der Formeleinheiten je Elementarzelle	1
Röntgenographische Dichte [g/cm^3]	1.173
Messtemperatur [K]	200(2)
Absorptionskorrektur	Integration
Absorptionskoeffizient [mm^{-1}]	0.070
Gemessene Reflexe mit $F_O > 4\sigma(F_O)$	31279
Unabhängige Reflexe	6592 [R_{int} = 0.0794]
Beobachtete Reflexe [$I > 2\sigma(I)$]	6053
R_1 [$I > 2\sigma(I)$]	0.0402
wR_2 (alle Daten)	0.1006
GooF	1.032

4.3.2.5. Kristallstruktur von $^{p\text{-}Tolyl}L_{DBF}H_2$ (**5**)

Summenformel	$C_{42}H_{36}N_4O\cdot 2(C_2H_6OS)$
Molekulargewicht [g/mol]	769.02
Kristallsystem	Triklin
Raumgruppe	$P\bar{1}$ (Nr. 2)
Gitterkonstanten *a*, *b*, *c* [Å]	9.775(2), 10.212(2), 21.623(4)
α, *β*, *γ* [°]	78.58(3), 80.85(3), 89.82(3)
Zellvolumen [Å^3]	2087.9(8)
Zahl der Formeleinheiten je Elementarzelle	2
Röntgenographische Dichte [g/cm^3]	1.223
Messtemperatur [K]	200(2)
Absorptionskorrektur	keine
Absorptionskoeffizient [mm^{-1}]	0.172
Gemessene Reflexe mit $F_O > 4\sigma(F_O)$	18105
Unabhängige Reflexe	9222 [R_{int} = 0.0590]
Beobachtete Reflexe [$I > 2\sigma(I)$]	7482
R_1 [$I > 2\sigma(I)$]	0.0993
wR_2 (alle Daten)	0.2687
GooF	1.083

*4.3.2.6. Kristallstruktur von $^{Cy}L_{Xan}H_2$ (**6**)*

Summenformel	$2(C_{41}H_{58}N_4O)\cdot 1(C_3H_6O)$
Molekulargewicht [g/mol]	1303.91
Kristallsystem	Monoklin
Raumgruppe	*C*2/c (Nr. 15)
Gitterkonstanten *a, b, c* [Å]	31.999(1), 10.374(1), 27.033(1)
β [°]	121.91(1)
Zellvolumen [Å^3]	7617.4(5)
Zahl der Formeleinheiten je Elementarzelle	4
Röntgenographische Dichte [g/cm^3]	1.137
Messtemperatur [K]	150(2)
Absorptionskorrektur	Integration
Absorptionskoeffizient [mm^{-1}]	0.069
Gemessene Reflexe mit $F_O > 4\sigma(F_O)$	32483
Unabhängige Reflexe	6896 [R_{int} = 0.0706]
Beobachtete Reflexe [$I > 2\sigma(I)$]	4075
R_1 [$I > 2\sigma(I)$]	0.0466
wR_2 (alle Daten)	0.1295
GooF	0.922

*4.3.2.7. Kristallstruktur von $^{Ph}L_{Xan}H_2$ (**7**)*

Summenformel*	$C_{41}H_{34}N_4O\cdot 2(C_2H_6OS)$
Molekulargewicht [g/mol]	676.81
Kristallsystem	Triklin
Raumgruppe	$P\bar{1}$ (Nr. 2)
Gitterkonstanten *a, b, c* [Å]	13.222(1), 17.530(1), 19.333(1)
α, β, γ [°]	110.07(1), 91.21(1), 101.66(1)
Zellvolumen [Å^3]	4102.1(6)
Zahl der Formeleinheiten je Elementarzelle	4
Röntgenographische Dichte [g/cm^3]	1.086
Messtemperatur [K]	200(2)
Absorptionskorrektur	Integration
Absorptionskoeffizient [mm^{-1}]	0.116
Gemessene Reflexe mit $F_O > 4\sigma(F_O)$	31537
Unabhängige Reflexe	14455 [R_{int} = 0.0659]
Beobachtete Reflexe [$I > 2\sigma(I)$]	2574
R_1 [$I > 2\sigma(I)$]	0.0820
wR_2 (alle Daten)	0.2464
GooF	0.618

4.3.2.8. Kristallstruktur von $^{(S)\text{-}PhMe}L_{Xan}H_2$ (**8**)

Summenformel	$C_{49}H_{50}N_4O$
Molekulargewicht [g/mol]	710.93
Kristallsystem	Orthorhombisch
Raumgruppe	$P2_12_12_1$(Nr. 19)
Gitterkonstanten *a, b, c* [Å]	10.824(2), 17.580(4), 21.578(4)
Zellvolumen [Å^3]	4106.0(14)
Zahl der Formeleinheiten je Elementarzelle	4
Röntgenographische Dichte [g/cm^3]	1.152
Messtemperatur [K]	200(2)
Absorptionskorrektur	Integration
Absorptionskoeffizient [mm^{-1}]	0.069
Gemessene Reflexe mit $F_O > 4\sigma(F_O)$	48912
Unabhängige Reflexe	8724 [R_{int} = 0.1478]
Beobachtete Reflexe [$I > 2\sigma(I)$]	3810
R_1 [$I > 2\sigma(I)$]	0.0651
wR_2 (alle Daten)	0.1881
GooF	0.770

4.3.2.9. Kristallstruktur von $^{Cy}L_{Phenan}H_2$ (**10**)

Summenformel	$C_{40}H_{54}N_4$
Molekulargewicht [g/mol]	590.87
Kristallsystem	Monoklin
Raumgruppe	$P2_1/c$ (Nr. 14)
Gitterkonstanten *a, b, c* [Å]	10.506(2), 36.917(7), 18.519(4)
β [°]	92.21(3)
Zellvolumen [Å^3]	7189(2)
Zahl der Formeleinheiten je Elementarzelle	8
Röntgenographische Dichte [g/cm^3]	1.092
Messtemperatur [K]	200(2)
Absorptionskorrektur	Keine
Absorptionskoeffizient [mm^{-1}]	0.064
Gemessene Reflexe mit $F_O > 4\sigma(F_O)$	53756
Unabhängige Reflexe	15272 [R_{int} = 0.1203]
Beobachtete Reflexe [$I > 2\sigma(I)$]	6103
R_1 [$I > 2\sigma(I)$]	0.0630
wR_2 (alle Daten)	0.1702
GooF	0.820

4.3.2.10. Kristallstruktur von $[La_4(\mu\text{-}Cl)_4(^{p\text{-}Tolyl}L_{DBF})_4(THF)_4]$ (12)

Summenformel*	$C_{184}H_{168}Cl_4La_4N_{16}O_8 \cdot 2(C_7H_8)$
Molekulargewicht [g/mol]	3613.06
Kristallsystem	Triklin
Raumgruppe	$P\bar{1}$ (Nr. 2)
Gitterkonstanten a, b, c [Å]	21.2582(7), 21.6353(7), 25.3676(8)
α, β, γ [°]	75.234(3), 83.295(3), 82.533(3)
Zellvolumen [Å^3]	11143.6(6)
Zahl der Formeleinheiten je Elementarzelle	2
Röntgenographische Dichte [g/cm^3]	1.077
Messtemperatur [K]	150(2)
Absorptionskorrektur	Integration
Absorptionskoeffizient [mm^{-1}]	0.846
Gemessene Reflexe mit $F_O > 4\sigma(F_O)$	45159
Unabhängige Reflexe	21020 [R_{int} = 0.1098]
Beobachtete Reflexe [$I > 2\sigma(I)$]	11396
R_1 [$I > 2\sigma(I)$]	0.0578
wR_2 (alle Daten)	0.1453
GooF	0.843

4.3.2.11. Kristallstruktur von $[La_2(^{p\text{-}Tolyl}L_{DBF})_2(BTSA)_2]$ (13)

Summenformel*	$2(C_{96}H_{104}La_2N_{10}O_2Si_4)$
Molekulargewicht [g/mol]	3640.14
Kristallsystem	Triklin
Raumgruppe	$P\bar{1}$ (Nr. 2)
Gitterkonstanten a, b, c [Å]	20.897(2), 22.866(2), 25.192(2)
α, β, γ [°]	90.06(6), 94.41(6), 90.08(6)
Zellvolumen [Å^3]	12002.2(15)
Zahl der Formeleinheiten je Elementarzelle	2
Röntgenographische Dichte [g/cm^3]	1.007
Messtemperatur [K]	150(2)
Absorptionskorrektur	keine
Absorptionskoeffizient [mm^{-1}]	0.781
Gemessene Reflexe mit $F_O > 4\sigma(F_O)$	85333
Unabhängige Reflexe	43191 [R_{int} = 0.1178]
Beobachtete Reflexe [$I > 2\sigma(I)$]	9606
R_1 [$I > 2\sigma(I)$]	0.0806
wR_2 (alle Daten)	0.2178
GooF	0.622

4.3.2.12. Kristallstruktur von [$Sm_2(^{p\text{-}Tolyl}L_{DBF})_2(BTSA)_2$] (**14**)

Summenformel	$C_{96}H_{104}N_{10}O_4Si_4Sm_2$
Molekulargewicht [g/mol]	1804.85
Kristallsystem	Monoklin
Raumgruppe	$P2_1/n$ (Nr. 14)
Gitterkonstanten *a, b, c* [Å]	14.511(3), 30.203(6), 23.151(5)
Zellvolumen [Å^3]	10147(4)
Zahl der Formeleinheiten je Elementarzelle	4
Röntgenographische Dichte [g/cm^3]	1.181
Messtemperatur [K]	150(2)
Absorptionskorrektur	keine
Absorptionskoeffizient [mm^{-1}]	14.246
Gemessene Reflexe mit $F_O > 4\sigma(F_O)$	68900
Unabhängige Reflexe	19146 [R_{int} = 0.2320]
Beobachtete Reflexe [$I > 2\sigma(I)$]	8221
R_1 [$I > 2\sigma(I)$]	0.2011
wR_2 (alle Daten)	0.5223
GooF	1.373

4.3.2.13. Kristallstruktur von [$La_2(^{Ph}L_{DBF})_2(BTSA)_2(THF)_2$] (**15**)

Summenformel	$2(C_{96}H_{104}La_2N_{10}O_4Si_4)\cdot 2(C_7H_8)$
Molekulargewicht [g/mol]	3888.41
Kristallsystem	Monoklin
Raumgruppe	*C2/c* (Nr. 15)
Gitterkonstanten *a, b, c* [Å]	30.3283(6), 12.2282(2), 32.8273(6)
β [°]	125.692(1)
Zellvolumen [Å^3]	9887.6(4)
Zahl der Formeleinheiten je Elementarzelle	2
Röntgenographische Dichte [g/cm^3]	1.306
Messtemperatur [K]	200(2)
Absorptionskorrektur	Integration
Absorptionskoeffizient [mm^{-1}]	0.956
Gemessene Reflexe mit $F_O > 4\sigma(F_O)$	63731
Unabhängige Reflexe	8969 [R_{int} = 0.0693]
Beobachtete Reflexe [$I > 2\sigma(I)$]	7094
R_1 [$I > 2\sigma(I)$]	0.0349
wR_2 (alle Daten)	0.0838
GooF	0.970

4.3.2.14. Kristallstruktur von [La($^{Cy}L_{Xan}$)(BTSA)] (**16**)

Summenformel	3 ($C_{47}H_{74}LaN_5OSi_2$)·1(C_7H_8)
Molekulargewicht [g/mol]	2896.14
Kristallsystem	Monoklin
Raumgruppe	*Cc* (Nr. 9)
Gitterkonstanten *a, b, c* [Å]	19.726(4), 46.707(9), 18.274(4)
β [°]	113.76(3)
Zellvolumen [Å^3]	15409(5)
Zahl der Formeleinheiten je Elementarzelle	4
Röntgenographische Dichte [g/cm^3]	1.248
Messtemperatur [K]	150(2)
Absorptionskorrektur	keine
Absorptionskoeffizient [mm^{-1}]	0.916
Gemessene Reflexe mit $F_O > 4\sigma(F_O)$	116660
Unabhängige Reflexe	39573 [R_{int} = 0.0980]
Beobachtete Reflexe [$I > 2\sigma(I)$]	30581
R_1 [$I > 2\sigma(I)$]	0.0503
wR_2 (alle Daten)	0.1370
GooF	0.744

*4.3.2.15. Kristallstruktur von [Eu$_2$($^{Ph}L_{Xan}$)$_3$] (**17**)*

Summenformel	2 ($C_{134}H_{118}Eu_2N_{12}O_5$) ·3($C_4H_8O$)
Molekulargewicht [g/mol]	4694.88
Kristallsystem	Triklin
Raumgruppe	$P\bar{1}$ (Nr. 2)
Gitterkonstanten *a, b, c* [Å]	17.321(4), 20.253(4), 21.645(4)
α, β, γ [°]	97.63(3), 111.36(3), 108.39(3)
Zellvolumen [Å^3]	6442(4)
Zahl der Formeleinheiten je Elementarzelle	1
Röntgenographische Dichte [g/cm^3]	1.210
Messtemperatur [K]	200(2)
Absorptionskorrektur	Integration
Absorptionskoeffizient [mm^{-1}]	1.021
Gemessene Reflexe mit $F_O > 4\sigma(F_O)$	57372
Unabhängige Reflexe	27008 [R_{int} = 0.3322]
Beobachtete Reflexe [$I > 2\sigma(I)$]	6168
R_1 [$I > 2\sigma(I)$]	0.1092
wR_2 (alle Daten)	0.2852
GooF	0.803

4.3.2.16. Kristallstruktur von [$Y_2(^{Cy}L_{Xan})_3$] (**18**)

Summenformel*	$C_{123}H_{168}N_{12}O_3Y_2$
Molekulargewicht [g/mol]	2040.52
Kristallsystem	Monoklin
Raumgruppe	*C*2/*c* (Nr. 15)
Gitterkonstanten *a, b, c* [Å]	38.672(3), 26.3301(2), 11.946(1)
β [°]	93.46(6)
Zellvolumen [$Å^3$]	12142(2)
Zahl der Formeleinheiten je Elementarzelle	4
Röntgenographische Dichte [g/cm^3]	1.116
Messtemperatur [K]	150(2)
Absorptionskorrektur	Integration
Absorptionskoeffizient [mm^{-1}]	1.003
Gemessene Reflexe mit $F_O > 4\sigma(F_O)$	33665
Unabhängige Reflexe	10983 [R_{int} = 0.1821]
Beobachtete Reflexe [$I > 2\sigma(I)$]	2295
R_1 [$I > 2\sigma(I)$]	0.054
wR_2 (alle Daten)	0.1200
GooF	0.559

4.3.2.17. Kristallstruktur von (dmpbipy) (**19**)

Summenformel	$C_{15}H_{14}N_4$
Molekulargewicht [g/mol]	250.30
Kristallsystem	Orthorhombisch
Raumgruppe	$P2_12_12_1$ (Nr. 19)
Gitterkonstanten *a, b, c* [Å]	5.0833(10), 14.957(3), 16.451(3)
Zellvolumen [$Å^3$]	1250.8(4)
Zahl der Formeleinheiten je Elementarzelle	4
Röntgenographische Dichte [g/cm^3]	1.329
Messtemperatur [K]	150(2)
Absorptionskorrektur	keine
Absorptionskoeffizient [mm^{-1}]	0.083
Gemessene Reflexe mit $F_O > 4\sigma(F_O)$	3402
Unabhängige Reflexe	2508 [R_{int} = 0.0389]
Beobachtete Reflexe [$I > 2\,\sigma(I)$]	2297
R_1 [$I > 2\sigma(I)$]	0.0383
wR_2 (alle Daten)	0.0994
GooF	1.022

4.3.2.19. Kristallstruktur von [Eu(dmpbipy)(NO$_3$)$_3$(H$_2$O)] (**21**) (CCDC 776531)

Summenformel	$(C_{15}H_{16}N_7O_{10}Eu)_2 \cdot (C_4H_8O)_2 \cdot CH_2Cl_2$
Molekulargewicht [g/mol]	1441.73
Kristallsystem	Triklin
Raumgruppe	$P\bar{1}$ (Nr. 2)
Gitterkonstanten *a, b, c* [Å]	7.887(2), 9.592(2), 17.018(3)
α, β, γ [°]	80.96(3), 87.80(3), 81.94(3)
Zellvolumen [Å^3]	1258.7(4)
Zahl der Formeleinheiten je Elementarzelle	1
Röntgenographische Dichte [g/cm^3]	1.894
Messtemperatur [K]	200(2)
Absorptionskorrektur	Integration
Absorptionskoeffizient [mm^{-1}]	2.671
Gemessene Reflexe mit $F_O > 4\sigma(F_O)$	9187
Unabhängige Reflexe	5125 [R_{int} = 0.0821]
Beobachtete Reflexe [$I > 2\sigma(I)$]	4514
R_1 [$I > 2\sigma(I)$]	0.0599
wR_2 (alle Daten)	0.1579
GooF	1.060

4.3.2.19. Kristallstruktur von [Sm(dmpbipy)(NO$_3$)$_3$(DMSO)] (**22**) (CCDC 776530)

Summenformel	$C_{17}H_{20}N_7O_{10}SSm$
Molekulargewicht [g/mol]	664.81
Kristallsystem	Triklin
Raumgruppe	$P\bar{1}$ (Nr. 2)
Gitterkonstanten *a, b, c* [Å]	9.4637(19), 10.825(2), 11.554(2)
α, β, γ [°]	85.30(3), 86.30(3), 88.61(3)
Zellvolumen [Å^3]	1176.9(4)
Zahl der Formeleinheiten je Elementarzelle	2
Röntgenographische Dichte [g/cm^3]	1.876
Messtemperatur [K]	200(2)
Absorptionskorrektur	Integration
Absorptionskoeffizient [mm^{-1}]	2.651
Gemessene Reflexe mit $F_O > 4\sigma(F_O)$	13712
Unabhängige Reflexe	5577 [R_{int} = 0.0495]
Beobachtete Reflexe [$I > 2\sigma(I)$]	5059
R_1 [$I > 2\sigma(I)$]	0.0307
wR_2 (alle Daten)	0.0770
GooF	1.038

4.3.2.20. Kristallstruktur von [Sm(C5-BPP)$(NO_3)_3$(DMF)] (**23**)

Summenformel	$C_{24}H_{36}N_9O_{10}Sm{\cdot}3(C_3H_7NO)$
Molekulargewicht [g/mol]	979.75
Kristallsystem	Triklin
Raumgruppe	$P\bar{1}$ (Nr. 2)
Gitterkonstanten *a, b, c* [Å]	9.9870(6), 16.228(1), 16.2640(11)
α, β, γ [°]	115.420(5), 100.090(5), 98.440(5)
Zellvolumen [Å^3]	2269.7(2)
Zahl der Formeleinheiten je Elementarzelle	2
Röntgenographische Dichte [g/cm^3]	1.434
Messtemperatur [K]	150(2)
Absorptionskorrektur	Integration
Absorptionskoeffizient [mm^{-1}]	1.363
Gemessene Reflexe mit $F_O > 4\sigma(F_O)$	42592
Unabhängige Reflexe	9644 [R_{int} = 0.1684]
Beobachtete Reflexe [$I > 2\sigma(I)$]	7866
R_1 [$I > 2\sigma(I)$]	0.0476
wR_2 (alle Daten)	0.1194
GooF	0.968

4.3.2.21. Kristallstruktur von [Eu(C5-BPP)$(NO_3)_3$(DMF)] (**24**)

Summenformel	$C_{24}H_{36}EuN_9O_{10}{\cdot}3(C_3H_7NO)$
Molekulargewicht [g/mol]	981.87
Kristallsystem	Triklin
Raumgruppe	$P\bar{1}$ (Nr. 2)
Gitterkonstanten *a, b, c* [Å]	10.074(2), 15.930(3), 16.520(3)
α, β, γ [°]	112.71(3), 101.94(3), 98.08(3)
Zellvolumen [Å^3]	2320.2(8)
Zahl der Formeleinheiten je Elementarzelle	2
Röntgenographische Dichte [g/cm^3]	1.405
Messtemperatur [K]	200(2)
Absorptionskorrektur	Integration
Absorptionskoeffizient [mm^{-1}]	1.420
Gemessene Reflexe mit $F_O > 4\sigma(F_O)$	18504
Unabhängige Reflexe	9545 [R_{int} = 0.0709]
Beobachtete Reflexe [$I > 2\sigma(I)$]	5823
R_1 [$I > 2\sigma(I)$]	0.0492
wR_2 (alle Daten)	0.0977
GooF	0.808

5. Zusammenfassung

5.1. Verbrückte Bisamidinat-Komplexe

Der aktuelle Trend in der Koordinationschemie der f-Block-Elemente führt seit einiger Zeit zu der Substitution des gut untersuchten Cyclopentadienylliganden durch andere Liganden. Gründe hierfür sind z.B. die Möglichkeit, die sterischen Einflüsse um das Metallkation besser zu kontrollieren oder mithilfe maßgeschneiderter Liganden spezifische mehrkernige Komplexe darzustellen. Im Rahmen dieser Doktorarbeit wurden neun neue 1,8-Dibenzofuran- und 9,9-Dimethylxanthen verbrückte Bisamidine hergestellt, die anschließend über verschiedene Syntheserouten in die Koordinationschemie der Metalle der Seltenen Erden eingeführt wurden.

Durch Metathesereaktion des Kaliumsalzes des 1,8-Dibenzofuran verbrückten Bisamidinats **11** mit wasserfreiem Lanthantrichlorid konnte ein vierkerniger Lanthankomplex **12**, der aus zwei Ringsystemen besteht, erhalten werden (Schema 1). Der innere Ring wird von acht Atomen (vier Lanthanatome und vier Chloratome) gebildet (Schema 1, blauer Ring). Der zweite äußere verbrückte Ring besteht aus 40 Atomen der vier Liganden und der vier Lanthanatome (Schema 1, grüner Ring). Der Komplex **12** wurde mittels analytischer und spektroskopischer Methoden, sowie Einkristallröntgenstrukturanalyse charakterisiert.

Die vierkernige Verbindung **12** konnte jedoch nicht in einer Salzmetathesereaktion mit KBTSA in Verbindung **13** überführt werden. (Schema 1). Stattdessen führt die Reaktion der Neutralliganden der 1,8-Dibenzofuran verbrückten Bisamidinine mit Lanthanoidamidokomplexen ($Ln(BTSA)_3$, Ln = La, Sm) zu den ersten drei bekannten 1,8-Dibenzofuran verbrückten zweikernigen Lanthanoidamidinatkomplexen **13**, **14** und **15**, die einen 20-gliedrigen Metallazyklus bilden (Schema 1).

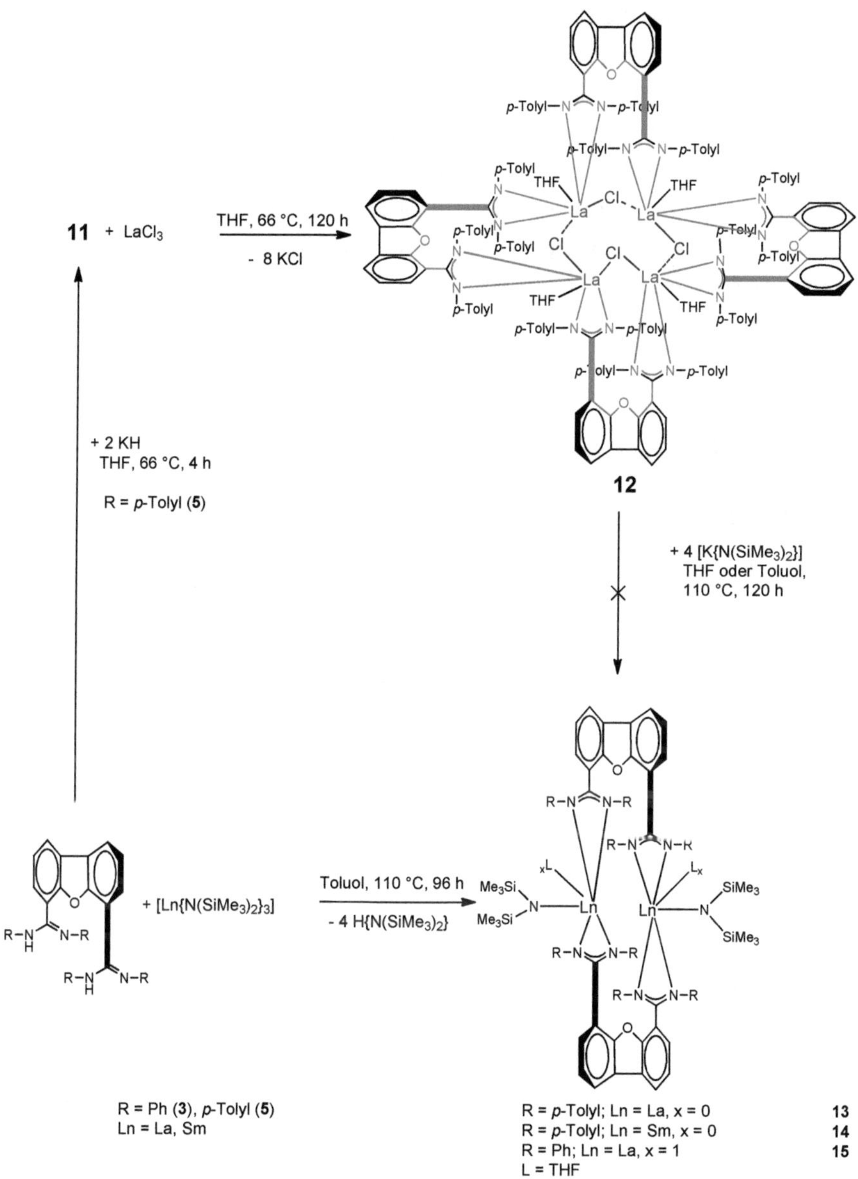

Schema 1: *Lanthanoid-Komplexe mit 1,8-Dibenzofuran verbrückten Bisamidinaten.* In Komplex **12** blau: innerer Ring aus vier Lanthanatomen und vier Chloratomen; grün: äußerer Ring aus 40 Atomen (vier Liganden und vier Lathanatome).

Im Gegensatz zu den mit 1,8-Dibenzofuran verbrückten Bisamidinen können durch die Metallierungsreaktionen der 9,9-Dimethylxanthen verbrückten Bisamidine mit [Ln(BTSA)$_3$] (Ln = La, Eu) oder mit [Y(DMBA)$_3$] zwei verschiedene Grundgerüste eines zehngliedrigen Metallazyklen erhalten werden. Für das große Element Lanthan wird der einkernige Bisamidinat-Lanthanoidkomplex **16** (Schema 2), für die kleineren Metalle (Eu **17** und Y **18**) werden jeweils zweikernige Trisbisamidinat-Komplexe isoliert (Schema 3). Die Verbindung **16** zeigt bei der Anwendung als Katalysator für die intramolekulare Hydroaminierung katalytische Aktivität.

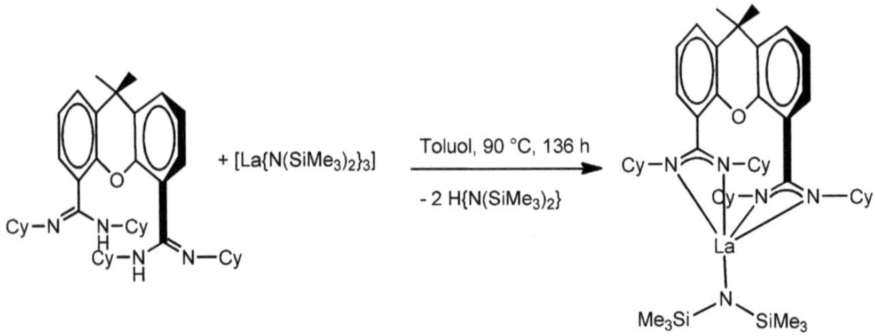

6 **16**

Schema 2: *Einkerniger Lanthan-Komplex **16** mit 9,9-Dimethylxanthen-verbrücktem Bisamidin.*

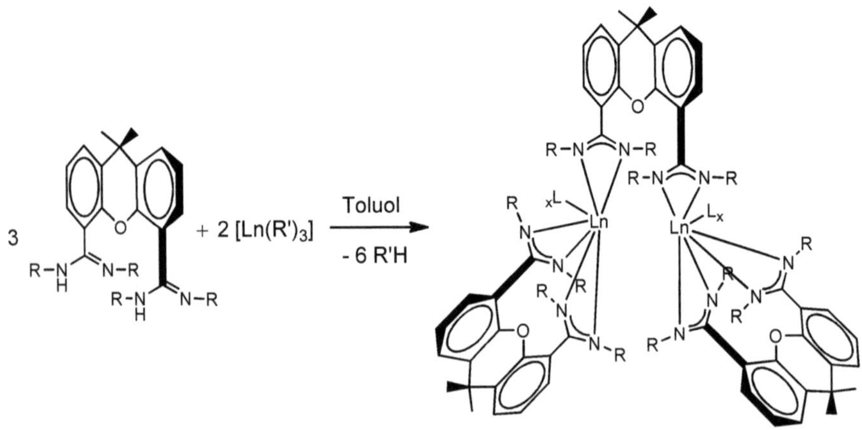

R = Cy (**6**), Ph (**7**)
Ln = Eu (R' = BTSA), Y (R' = DMBA)

R = Cy , R' = BTSA, Ln = Eu, x= 1 **17**
R = Ph , R' = DMBA, Ln = Y, x = 0 **18**
L = THF

Schema 3: *Zweikernige Lanthanoidkomplexe **17** und **18** mit 9,9-Dimethylxanthen-verbrücktem Bisamidinen.*

5.2. Actinoiden(III)/Lanthanoiden(III) Trennung

Der zweite Teil der vorliegenden Arbeit befasst sich mit der Synthese von pyridinbasierten Liganden für die Actinoiden(III)/Lanthanoiden(III)-Trennung. Bei diesen Ligandensystemem handelt es sich um modifizierte BTP-Systeme, die als Extraktionsliganden im SANEX-Prozess angewandt werden und sowohl 1:3 Actinoid- als auch Lanthanoid-Komplexe bilden. Die Liganden **19** und **20** wurden mit [$Ln(NO_3)_3 \cdot 6H_2O$] (Ln = Sm, Eu) umgesetzt. Es konnten die 1:1 Lanthanoid-Komplexe **21**-**24** bei unterschiedlichen Reaktionsbedingungen isoliert und charakterisiert werden (Schema 4).

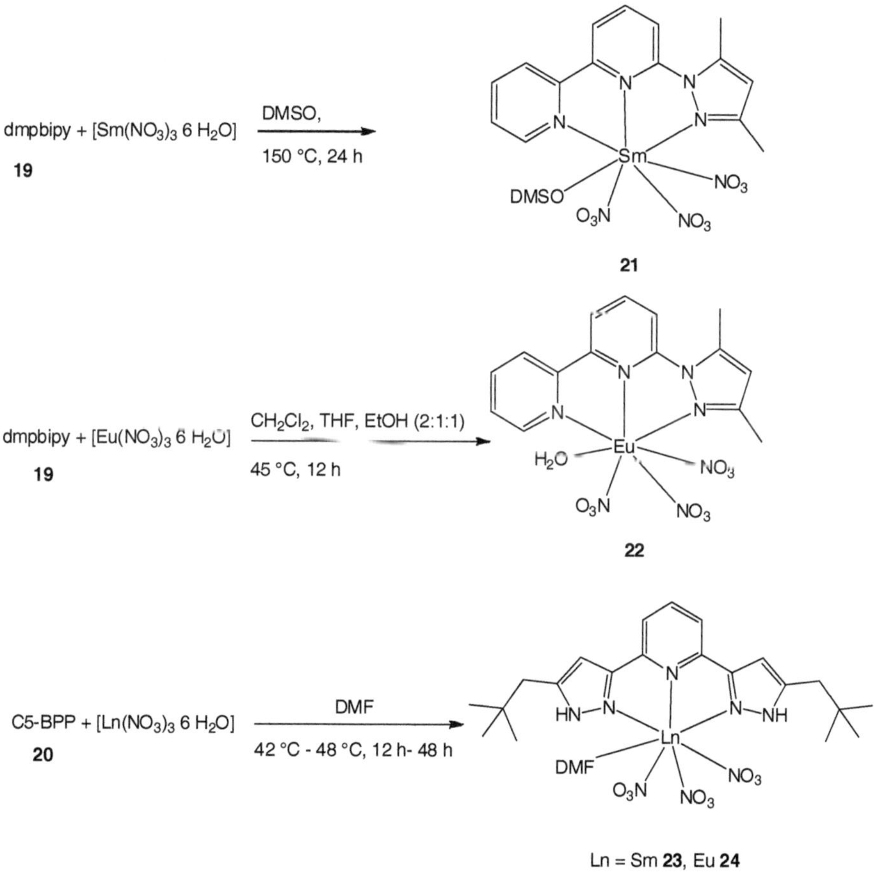

Schema 4: *Synthese der Lanthanoidkomplexe **21-24** mit Pyridin-basierten Ligandensystemen.*

In Kooperation mit dem Institut für Nukleare Entsorgung (INE) wurden die Actinoid(III)-Komplexe **25-30** von Am(III) und Cm(III) synthetisiert und mittels EXAFS und TRFLS in Lösung charakterisiert. Für das unsymmetrische Ligandensystem **19** wurden die 1:1 Komplexe **25** und **26** in Lösung nachgewiesen. Im Fall des C5-BPP Liganden **20** konnten die 1:1 Komplexe des Americiums(III) **30** und des Curiums(III) **27** sowie der 1:2 Komplex **28** und der 1:3 Komplex **29** des Curiums(III) nachgewiesen werden (Schema 5, Abbildung links).

Bei der Anwendung der neuen Ligandensysteme **19** und **20** als Extraktionsmittel zur Trennung von Actinoiden(III) (Am) und Lanthanoiden(III) (Eu) wurden unterschiedliche Ergebnisse erzielt. Der unsymmetrische Ligand **19**, der aus einem Bipyridin-Pyrazol-System besteht, vermag keine Actinoidkationen von Lanthanoidkationen in salpetersaurer Lösung zu trennen. Eine geringfügige Trennung wird in 2-Bromhexansäure mit Kerosin (SF = 8) beobachtet. Im Gegensatz dazu zeigt der symmetrische Ligand **20**, welcher auf einem Pyridinring und zwei Pyrazolylringen mit sterisch anspruchsvollen Resten (*neo*-Pentyl) basiert, einen hohen Trennfaktor von *SF* = 100 in 2-Bromhexansäure mit Kerosin (Schema 5, Abbildung rechts).

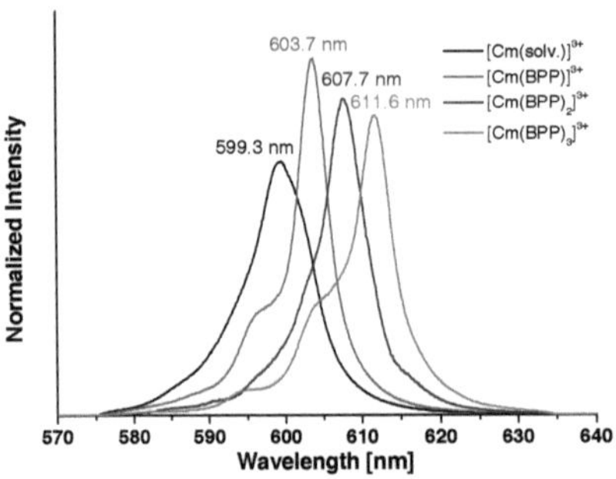

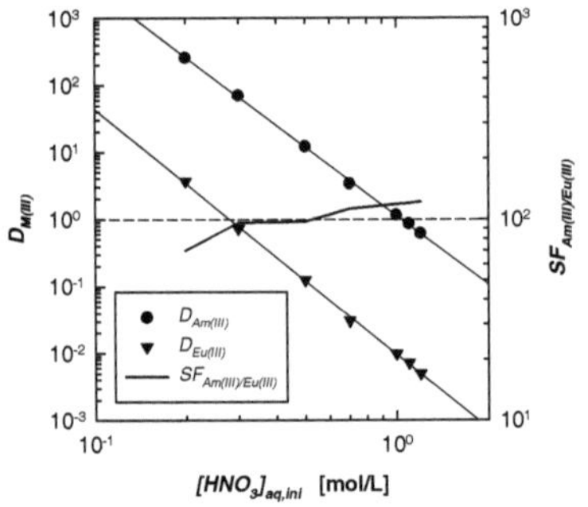

Schema 5: *links: TRFLS-Spektren der Curiumkomplexe **27-29** mit dem C5-BPP Liganden **20**. rechts: Extraktion von Am(III) und Eu(III) aus 2-Bromhexansäure mit Kerosin mit dem C5-BPP Liganden **20**.*

6. Literatur

[1] N. G. Connelly, R. M. Hartshorn, T. Damhus, A. T. Huttun, *Nomenclature of Inorganic Chemistry Recommendation 2005*, Royal Society of Chemistry, *Norfolk*, **2005**, 51-52.

[2] A. F. Hollemann, E. Wiberg, *Lehrbuch der Anorganischen Chemie*, 101. Auflage, *Berlin*, De Gruyter **1995**.

[3] http://www.zeit.de/wirtschaft/2011-02/china-seltene-Erden.

[4] G. Schling, *chemie&more* **2011**, *3*, 36-37.

[5] G. Meyer, *Chem. Rev.* **1988**, *88*, 93-107.

[6] W. J. Evans, *Polyhedron* **1987**, *6*, 803-838.

[7] W. J. Evans, *J. Organomet. Chem.* **2002**, *647*, 2-11.

[8] W. J. Evans, *Inorg. Chem.* **2007**, *46*, 3435-3449.

[9] J. E. Huheey. E. A. Keiter, R. L. Keiter, *Inorganic Chemistry: Principles of Structure and Reactivity*, 4. Ed., Harper Collins, *New York*, **1993**, Kapitel 14.

[10] S. Cotton, *Lanthanides and Actinide Chemistry*, *Chichester*, **2006**.

[11] C. Elschenbroich, *Organometallchemie*, 5.Aufl. Teubner, *Wiesbaden*, **2005**, 571-572.

[12] T. E. Müller, K. C. Hultzsch, M. Yus, F. Foubelo, M. Tada, *Chem. Rev.* **2008**, *108*, 3795-3892.

[13] S. Hong, T. J. Marks, *Acc. Chem. Res.* **2004**, *37*, 673-686.

[14] P. W. Roesky, T. E. Müller, *Angew. Chem.* **2003**, *115*, 2812-2814.

[15] F. Pohlki, S. Doye, *Chem. Soc. Rev.* **2003**, *32*, 104-114.

[16] P.-F. Fu, L. Brard, Y. Li, T. J. Marks, *J. Am. Chem. Soc.* **1995**, *117*, 7157-7568.

[17] M. Raststätter, A. Zulys, P. W. Roesky, *Chem. Eur. J.* **2007**, *13*, 3606-3616.

[18] B. Marciniec, H. Maciejewski, C. Pietraszuk, P. Pawluć, *Hydrosilylation A Comprehensive Review on Recent Advances*, Springer, *London*, **2009**.

[19] Z. Hou, Y. Wakatsuki, *Coord. Chem. Rev.* **2002**, *231*, 1-22.

[20] J. Gromada, J.-F. Carpentier, A. Mortreux, *Coord. Chem. Rev.* **2004**, *248*, 397-410.

[21] P. Benndorf, *Dissertation*, Karlsruher Institut für Technologie, **2010**.

[22] F. T. Edelmann, *Coord. Chem. Rev.* **1994**, *137*, 403-481.

[23] F. T. Edelmann, *Chem. Soc. Rev.* **2009**, *38*, 2253-2268.

[24] F. Lauterwasser, P. G. Hayes, S. Bräse, W. E. Piers, L. L. Schafer, *Organometallics* **2004**, *23*, 2234-2237.

[25] S. Hong, S. Tian, M. V. Metz, T. J. Marks, *J. Am. Chem. Soc.* **2003**, *125*, 14768-14783.

[26] P. W. Roesky, *Chem. Ber.* **1997**, *130*, 859-862.

[27] T. K. Panda, P. Benndorf, P. W. Roesky, *Z. Anorg. Allg. Chem.* **2005**, *631*, 81-84.

[28] T. K. Panda, A. Zulys, M. T. Gamer, P. W. Roesky, *Organometallics* **2005**, *24*, 2197-2202.

[29] H. Kim, T. Livinghouse, J. H. Shim, S. G. Lee, *Adv. Synth. Catal.* **2006**, *348*, 701-704.

[30] D. V. Gribkov, K. C. Hultzsch, F. Hampel, *Chem. Eur. J.* **2003**, *9*, 4796-4810.

[31] D. V. Gribkov, K. C. Hultzsch, F. Hampel, *J. Am. Chem. Soc.* **2006**, *128*, 3748-3759.

[32] G. Zi, *Dalton Trans.* **2009**, 9101-9109.

[33] M. R. Bürgstein, H. Berberich, P. W. Roesky, *Organometallics*, **2001**, *20*, 4230-4236.

[34] M. Dochnahl, K. Löhnwitz, J.-W. Pissarek, M. Biyikal, S. Schulz, S. Schön, N. Meyer, P. W. Roesky, S. Blechert, *Chem. Eur. J.* **2007**, *13*, 6654-6666.

[35] M. R. Gagné, T. J. Marks, *J. Am. Chem. Soc.* **1989**, *111*, 4108-4109.

[36] M. R. Gagné, Ch. L. Stern, T. J. Marks, *J. Am. Chem. Soc.* **1992**, *114*, 275-294.

[37] J. P. Collmann, A. Dey, R. A. Decreau, Y. Yang, A. Hosseini, E. I. Solomon, T. A. Eberspacher, *Proc. Natl. Acad. Sci. U. S. A.* **2008**, *105*, 9892-9896.

[38] I. Ivanov, J. A. Tainer, J. A. McCammon, *Proc. Natl. Acad. Sci. U. S. A.* **2007**, *104*, 1465-1470.

[39] B. Bauer-Siebenlist, S. Dechert, F. Meyer, *Chem. Eur. J.* **2005**, *11*, 5343-5352.

[40] J. P. Collmann, R. Boulatov, C. J. Sunderland, L. Fu, *Chem. Rev.* **2003**, *104*, 561-588.

[41] H. F. Yuen, T. J. Marks, *Organometallics* **2008**, *27*, 155-158.

[42] F. T. Edelmann, F. H. Anthony, J. F. Mark, *Adv. Organomet. Chem.* **2008**, *57*, 183-352.

[43] C.-T. Chen, L. H. Rees, A. R. Cowley, M. L. H. Green, *Dalton Trans.* **2001**, 1761-1761.

[44] C. Villiers, P. Thuéry, M. Ephritikhine, *Chem. Commun.* **2006**, 392-394.

[45] G. B. Deacon, C. M. Forsyth, P. C. Junk, J. Wang, *Inorg. Chem.* **2007**, *46*, 10022-10030.

[46] J. Wang, T. Cai, Y. Yao, Y. Zhang, Q. Shen, *Dalton Trans.* **2007**, 5375-5281.

[47] C. A. Hunter, D. H. Purvis, *Angew. Chem.* **1992**, *104*, 779-782.

[48] S. Asano, N. Yamashita, *Phys. Stat. Sol. B* **1981**, *105*, 305-310.

[49] H. Toftlund, *Coord. Chem. Rev.* **1989**, *96*, 67-108.

[50] J. R. Hagadorn, *Chem. Commun.* **2001**, 2144-2145.

[51] J. R. Hagadorn, M. J. McNevin, *Organometallics* **2003**, *22*, 609-611.

[52] B. Clare, N. Sarker, R. Shoemaker, J. R. Hagadorn, *Inorg. Chem.* **2004**, *43*, 1159-1166.

[53] *Kernenergie Weltreport 2010, atw-International Journal for Nuclear Power* **2011**, *56*, 281-286.

[54] *Betriebsergebnisse-kkw2010, atw-International Journal for Nuclear Power* **2010**, 1-44.

[55] http://www.focus.de/politik/weitere-meldungen/atomausstieg-bundespraesident-wulff-unterschreibt-gesetz_aid_651576.html.

[56] Implication of Partitioning and Transmutation in Radioactive Waste Management, Technical Series No. 435, *International Atomic Energy Agency* (*IAEA*), *Wien* **2004**.

[57] K. Gompper, A. Geist, H. Geckeis, *Nachr. Chem.* **2010**, *58*, 1015-1019.

[58] J. Magill, V. Berthou, D. Haas, J. Galy, R. Schenkel, H.-W. Wiese, G. Heussener, J. Thommasi, G. Youinou, *Nuclear Energy* **2003**, *42*, 263-277.

[59] H. Geckeis, A. Geist, K. Gompper, *Aktuelle Wochenschau der GdCH* **2010**, *45*, 1-3.

[60] D. Serrano-Pyrroy, P. Baron, B. Christiansen, R. Malmbeck, C. Sorel, J. P. Glatz, *Radiochim. Acta* **2005**, *93*, 351-355.

[61] S. Tachimori, Y. Sasaki, S. Suzuki, *Solvent Extr. Ion Exch.* **2002**, *20*, 687-699.

[62] D. Magnusson, B. Christiansen, J.P. Glatz, R. Malmbeck, G. Modolo, D. Serrano-Purroy, C. Storel, *Solvent Extr. Ion Exch.* **2009**, *27*, 26-35.

[63] M. J. Hudson, *Czech. J. Phys.* **2003**, *53*, A308-A311.

[64] Z. Kolarik, U. Müllich, F. Grasser, *Solvent Extr. Ion Exch.* **1999**, *17*, 23-32.

[65] M. G. B. Drew, M. R. St. J. Foreman, C. Hill, M. J. Huson, C. Madic, *Inorg. Chem. Commun.* **2005**, *8*, 239-241.

[66] Z. Kolarik, U. Müllich, F. Grasser, *Solvent Extr. Ion Exch.* **1999**, *17*, 1155-1170.

[67] C. Madic, M. J. Hudson, J.-O. Lilijenzin, J-P. Glatz, R. Nannicini, A. Facchini, Z. Kolarik, R. Odoij, *New Partitioning Techniques for Minor Actinides*, EUR 19149 EN, **2000**.

[68] M. R. St. J. Foreman, M. J. Hudson, A. Geist, C. Madic, M. Weigel, *Solvent Extr. Ion Exch.* **2005**, *23*, 645-662.

[69] A. Geist, C. Hill, G. Modolo, M. R. St. J. Foreman, M. Weigel, K. Gompper, M. J. Hudson, C. Madic, *Solvent Extr. Ion Exch.* **2006**, *24*, 463-483.

[70] M. Nilsson, S. Andersson, F. Drouet, C. Ekberg, M. R. St. J. Foreman, M. J. Hudson, J.-O. Lilijenzin, D. Magnussusson, G. Skarnemark, *Solvent Extr. Ion Exch.* **2006**, *24*, 299-318.

[71] M. Nilsson, C. Ekberg, M. R. St. J. Foreman, M. J. Hudson, J.-O. Lilijenzin, G. Modolo, G. Skarnemark, *Solvent Extr. Ion Exch.* **2006**, *24*, 828-843.

[72] A. Geist, M. A. Denecke, P. J. Panak, M. Weigel, B. Schimmelpfennig, *Nachrichten-Forschungszentrum Karlsruhe* **2004**, *37*, 191-196.

[73] M. G. B. Drew, D. Guillaneux, M. J. Hudson, P. B. Iveson, M. L. Russell, C. Madic, *Inorg. Chem. Commun.* **2001**, *4*, 12-15.

[74] P. B. Iveson, C. Rivière, M. Nierlich, P. Thuéry, M. Ephritikhine, D. Guillaneux, C. Madic, *Chem. Commun.* **2001**, 1512-1513.

[75] M. R. St. J. Foreman, M. J. Hudson, M. G. B. Drew, C. Hill, C. Madic, *Dalton Trans.* **2006**, 1645-1653.

[76] S. Colette, B. Amekraz, C. Madic, L. Berthon, G. Gote, C. Moulin, *Inorg. Chem.* **2004**, *43*, 6745-6751.

[77] M. A. Denecke, A. Rossberg, P. J. Panak, M. Weigl, B. Schimmelpfennig, A. Geist, *Inorg. Chem.* **2005**, *44*, 8418-8425.

[78] M. A. Denecke, P. J. Panak, F. Burdet, M. Weigl, A. Geist, R. Klenze, M. Mazzati, K. Gompper, *Comptes Rendus* **2007**, *10*, 872-882.

[79] C. M. G. dos Santos, A. J. Harte, S. J. Quinn, T. Gunnlaugsson, *Coord. Chem. Rev.* **2008**, *252*, 2512-2527.

[80] J.-C. G. Bünzli, V. Eliseeva, *Chem. Soc. Rev.* **2010**, *39*, 189-227.

[81] J.-C. G. Bünzli, C. Piguet, *Chem. Rev.* **2002**, *102*, 1897-1928.

[82] L. Armelao, S. Quici, F. Barigelletti, G. Accorsi, G. Bottaro, M. Cavazzini, E. Tondello, *Coord. Chem. Rev.* **2010,** *254*, 487, 487-505.

[83] J. Haase, *Chemie in unserer Zeit* **1992**, *26*, 219-231.

[84] A. R. Forrester, H. Irikawa, R. H. Thomson, S. O. Woo, T. J. King, *J. Chem. Soc., Perkin Trans. 1* **1981**, 1712-1720.

[85] J. Grundy, M. P. Coles, P. B. Hitchock, *J. Organomet. Chem.* **2002**, *662*, 178-187.

[86] R. T. Boeré , V. Klassen, G. Wolmershäuser, *J. Chem. Soc., Dalton Trans.* **1998**, 4147-4154.

[87] M. P. Coles, *Dalton Trans.* **2006**, 985-1001.

[88] A. L. Spek, *J. Appl. Cryst.* **2003**, *36*, 7-13.

[89] J. R. Hagadorn, M. J. McNevin, G. Wiedenfeld, R. Shoemaker, *Organometallics* **2003**, *22*, 4818-4824.

[90] T. Ishkawa, Superbases for Organic Synthesis: Guanidines, Amidines, Phosphazenes *and Related Organocatalyts*, Wiley, *Chichester,* **2009**.

[91] C. Pi, X. Li, L. Zhang, R. Lui, L. Weng, X. Zhou, *Inorg. Chem.* **2010**, *49*, 7632-7634.

[92] M. L. Cole, P. C. Junk, *Chem. Commun.* **2005**, 2695-2697.

[93] R. Duchateau, C. T. van Wee, A. Meetsma, J. H. Teuben, *J. Am. Chem. Soc.* **1993**, *115*, 4931-4932.

[94] G. G. Skvortsov, A. O. Tolpyguin, G. F. Fukin, A. V. Cherkasov, A. A. Trifonov, *Eur. J. Inorg. Chem.* **2010**, 1655-1662.

[95] P. Benndorf, J. Jenter, L. Zielke, P. W. Roesky, *Chem. Comm.* **2011**, *47*, 2574-2576.

[96] P. W. Roesky, *Inorg. Chem.* **1998**, *37*, 4507-4511.

[97] J. E. Huheey, E. Keiter, R. Keiter, *Anorganische Chemie: Prinzipien von Struktur und Reaktivität*, 3. Auflage, de Gruyter, *Berlin*, **2003**, 711.

[98] D. V. Vitanova, F. Hampel, K. C. Hultzsch, *Dalton Trans.* **2005**, 1565-1566.

[99] A. J. Doward, G. E. Honey, P. J. Steel, *Inorg. Chem.* **1991**, *30*, 3733-3737.

[100] C. Yelamos, M. J. Heeg, C. H. Winter, *Inorg. Chem.* **1998**, *37*, 3892-3894.

[101] M. Gal, G. Tarrago, P. Steel, C. Marzin, *Nouveau J. Chim.* **1985**, *9*, 617-620.

[102] M. A. Halcrow, *Coord. Chem. Rev.* **2005**, *249*, 2880-2908.

[103] A. Geist, U. Müllich, A. Karpov, T. Zevaco, T. Müller, DE 10 2009 003 783.

[104] A. Geist, U. Müllich, A. Wilden, S. Gülland, G. Modolo, *Proc. 19th Internat. Solvent Extr. Conf. (ISEC 2011)*, 3-7 Oktober **2011**, *Santiago de Chile.*

[105] A. Gelling, K. G. Orrell, A. G. Osborne, V. Šik, *Polyhedron* **1996**, *15*, 3203-3210.

[106] A. Gelling, K. G. Orrell, A. G. Osborne, V. Šik, M. B. Hursthouse, S. J. Coles, *J. Chem. Soc., Dalton Trans.***1996**, 203-209.

[107] D. A. Bardwell, J. C. Jeffrey, P. L. Jones, J. A. McCleverty, E. Psillakis, Z. Reeves, M. D. Ward, *J. Chem. Soc., Dalton Trans.* **1997**, 2079-2086.

[108] R. M. Harthshorn, E. Hey-Hawkins, R. Kalio, G. J. Leigh, *Pure Appl. Chem.*, **2007**, *79*, 1779-1799.

[109] D. Girnt, P. W. Roesky, A. Geist, C. M. Ruff, P. J. Panak, M. A. Denecke, *Inorg. Chem.* **2010**, *49*, 9627-9635.

[110] A. Bremer, C. M. Ruff, D. Girnt, U. Müllich, J. Rothe, P. W. Roesky, P. J. Panak, A. Karpov, T. J. J. Müller, M. A. Denecke, A. Geist, *Inorg. Chem.* **2012,** *51*, 5199-5207.

[111] M. A. Denecke, J. Rothe, K. Dardenne, H. Blank, J. Hormes, *Phys. Scr.* **2005**, *T115*, 1001-1003.

[112] S. Trumm, P. J. Panak, A. Geist, Th. Fanghänel, *Eur. J. Inorg. Chem.* **2010**, 3022-3028.

[113] O. Mitsunobu, K. Kato, M. Tomari, *Tetrahedron.* **1970**, *26*, 5731-5736.

[114] M. D. Taylor, C. P. Carter, *J. Inorg. Nucl. Chem.* **1962**, *24*, 387-391.

[115] D. C. Bradley, J. S. Ghotra, F. A. Hart, *J. Chem. Soc., Dalton Trans.* **1973**, 1021-1023.

[116] M. Booij, N. H. Kiers, H. J. Heeres, J. H. Teuben, *J. Organomet. Chem.* **1989**, *364*, 79-86.

[117] G. M. Sheldrick, *SHELXS-97, Program for Crystal Structure Solution,* Universität Göttingen, **1997**.

[118] G. M. Sheldrick *SHELXL-97, Program for Crystal Structure Refinement, Universität Göttingen,* **1997**.

[119] L. J. Farrugia, *WinGX* Version 1.70.01, Universität Glasgow, **2005**.

[120] *X-STEP32* Version 1.07b, Stoe & Cie GmbH, *Darmstadt,* **2000**.

[121] O. V. Dolomanov, L. J. Bournis, R. J. Gildea, J. A. K. Howard, H. Puschmann, *J. Appl. Cryst.* **2009**, *42*. 339-341.

[122] K. Brandenburg *DIAMOND 3.2c*, Visual Crystal Structure Information System, Crystallimpact GbR, *Bonn*, **2009**

7. Anhang

7.1. Verwendete Abkürzungen

ATR	abgeschwächte Totalreflexion
AVV	Allgemeine Arbeitsvorschrift
ber.	berechnet
br	verbreitert (broad)
BTSA	Bis(trimethylsilyl)amid
n-BuLi	*n*-Buthyllithium
bzw.	beziehungsweise
Cp	Cyclopentadienyl
d	Dublett
DBF	1,8-Dibenzofuran
DCC	Dicyclohexylcarbodiimid
dd	Dublett von Dublett
Diglyme	Diethylenglycoldimethylether
DMSO	Dimethylsulfoxid
dq	Dublett vom Quartett
dt	Dublett vom Triplett
EI	Elektronenstoßionisation
et al.	und Andere
EXAFS	Extended-X-ray Absorption Fine Structure
h	Stunden (hours)
gef.	gefunden
i-	*iso*
IR	Infrarotspektroskopie
KPF_6	Kaliumhexafluorophosphat
KZ	Koordinationszahl
L	Ligand
Ln	Lanthanoid

m-	*meta-*
m (NMR)	Multiplett
m (IR)	mittel (medium)
Me	Methyl
min	Minuten
MS	Massenspektrometrie
n-	normal
neo-	neopentyl, 2, 2-Dimethylpropyl
NMR	kernmagnetische Resonanz
o-	*ortho*
p-	*para*
Ph	Phenyl
q	Quartett
quint	Quintett
RT	Raumtemperatur
s (NMR)	Singulett
s (IR)	stark (strong)
SQUEZZE	Disordered Solvent Area Refinement
t (NMR)	Triplett
TMEDA	Tetramethylethylendiamin
THF	Tetrahydrofuran
TMS	Trimethylsilylmethanid
TRLFS	Time Resolved Laser Flourescence Spectroskopie
vs	sehr stark (very strong)
w	schwach (weak)
Xan	9,9-Dimethylxanthen
z.B.	zum Beispiel

7.2. Persönliche Angaben

7.2.1. Lebenslauf

Persönliche Daten:

Name	Denise Girnt
Geburtsdatum	28.05.1981
Geburtsort	Potsdam
Familienstand	ledig

Schulausbildung:

1987 – 1993	Grundschule Groß-Glienicke
1993 – 1996	Realschule Groß-Glienicke
1996 – 1997	Wilhelm-Maybach Realschule Berlin
1997 – 2000	Martin-Buber-Oberschule Berlin
06/2000	Schulabschluss: Abitur

Hochschulausbildung:

2000 – 2008	Chemiestudium, Freie Universität Berlin
10/2002	Vordiplom
12/2007 – 05/2008	Diplomarbeit im Arbeitskreis von Prof. Dr. D. Lentz, Thema: „Versuche zur Synthese von Metallocenen mit trifluorvinyl-funktionalisierten Tetramethylcyclopentadienyl-Liganden“
05/2008	Abschluss: Diplom Chemikerin
06/2008 – 04/2012	Promotion am Institut für Anorganische Chemie des Karlsruher Instituts für Technologie (KIT) unter Anleitung von Prof. Dr. P. W. Roesky
seit 06/2008	Wissenschaftliche Mitarbeiterin am Institut für Anorganische Chemie des Karlsruher Instituts für Technologie; Tätigkeit als Assistentin im anorganisch-chemischen Grundpraktikum „Quantitative Analyse“

7.2.2. Posterpräsentationen

1. D. Girnt, P. W. Roesky, A. Geist, C. M. Ruff, P. J. Panak, M. A. Denecke
A new Ligand for Actinide(III)/Lanthanide(III) Separation
XXIII. Tage der Seltenen Erden, *Terrae Rarae*, Bayreuth, **2010**.

2. D. Girnt, P. W. Roesky, A. Geist, C. M. Ruff, P. J. Panak, M. A. Denecke
A new Ligand for Actinide(III)/Lanthanide(III) Separation
The 2010 International Chemical Congress of Pacific Basin Societies, *Pacifichem ICCC39*, Honolulu, **2010**.

3. D. Girnt, P. W. Roesky, A. Geist, C. M. Ruff, P. J. Panak, M. A. Denecke
A new Ligand for Actinide(III)/Lanthanide(III) Separation
26th Rare Earth Research Conference, *RERC*, Santa Fe, **2011**.

4. D. Girnt, P. W. Roesky, A. Geist, C. M. Ruff, P. J. Panak, M. A. Denecke
A new Ligand for Actinide(III)/Lanthanide(III) Separation
XXIV. Tage der Seltenen Erden, *Terrae Rarae*, Karlsruhe, **2011**.

7.2.3. Publikationen

1. B. Dittrich, C. B. Hübschle, M. Messerschmidt, R. Kalinowski, D. Girnt, P. Luger
The Invariom model and its application refinement of D,L-Serine at different temperatures and resolution.
Acta Cyrystallogr. **2005**, *A61 (3)*, 314-320.

2. M. Wiecko, D. Girnt, M. Raststätter, T. K. Panda, P. W. Roesky
Zirconium complexes having a chiral phosphanylamide in the coordination sphere.
Dalton Trans. **2005**, 2147-2150.

3. D. Girnt, P. W. Roesky, A. Geist, C. M. Ruff, P. J. Panak, M. A. Denecke
6-(3,5-Dimethyl-1H-pyrazol-1-yl)-2,2'-bipyridine as Ligand for Actinide(III)/Lanthanide(III) Separation.
Inorg. Chem. **2010**, *49*, 9627-9635.

4. A. Bremer, C. M. Ruff, D. Girnt, U. Müllich, J. Rothe, P. W. Roesky, P. J. Panak, A. Karpov, T. J. J. Müller, M. A. Denecke, A. Geist
2,6-Bis-(5-(2,2-dimethylpropyl)-1H-pyrazol-3-yl)-pyridine as Ligand for the Efficient Actinide(III) / Lanthanide(III) Separation.
Inorg. Chem. **2012**, *51*, 5199-5207.

7.2.4. Vorträge

1. D. Girnt
   Verbrückte Lanthanoid(III)-Bis(amidinate).
   Wissenschaftliches Kolloquium von Arbeitsgruppen für Anorganische Chemie der Universitäten Göttingen, Hannover, Karlsruhe, Leipzig, Marburg und Tübingen, Hirschegg **2009**.

2. D. Girnt
   Neue Pyridin-Derivatliganden für die Actinoiden(III)/Lanthanoiden(III)-Trennung.
   Wissenschaftliches Kolloquium von Arbeitsgruppen für Anorganische Chemie der Universitäten Göttingen, Hannover, Karlsruhe, Leipzig, Marburg und Tübingen, Hirschegg **2011**.

Danksagung

Herrn Prof. Dr. Peter W. Roesky danke ich für die interessante Themenstellung sowie die hervorragende Betreuung während dieser Arbeit. Durch diese Unterstützung habe ich im Institut, ebenso wie in Karlsruhe, eine neue Heimat gefunden.

Für die bereitwillige Übernahme des Zweitgutachtens danke ich Herrn Priv.-Doz. Dr. Thorsten Stumpf.

Den Mitarbeitern und Mitarbeiterinnen des Instituts für Nukleare Entsorgung, insbesondere Frau Prof. Dr. Petra J. Panak, Herrn Dipl. Chem. Christian M. Ruff, Frau Dr. Melissa A. Denecke und Herrn Dr. Andreas Geist, danke ich für die sehr gute wissenschaftliche Kooperation.

Den Mitarbeitern und Mitarbeiterinnen der Serviceabteilungen, vor allem Gabriele Leichle, Helga Berberich, Monika Kayas, Angie Pendl, Sibylle Schneider, Petra Smie, Sabine Lude, Dieter Müller, Kalam Munshi sowie dem Werkstattleiter Frank Rieß danke ich für ihre sehr engagierte Arbeit, vor allen Dingen in der heißen Phase des Schreibens der Arbeit.

Herrn Dr. Michael Gamer danke ich für die Überprüfung der Einkristallstrukturanalysen sowie für das sehr sorgfältige Korrekturlesen dieser Arbeit.

Ebenso danke ich dafür Herrn Dr. Matthias Löble, Herrn Dr. Paul Benndorf, besonders Herrn Dr. Sebastian Marks und Frau Gabriele Kurth; sie haben mir auch mit hilfreichen Anregungen zu Seite gestanden.

Herrn Dr. Thierry Muller danke ich für die Hilfestellung bei einigen offenen organisch-chemischen Fragen sowie die Bereitstellung einiger typischer organisch-chemischer Arbeitsgeräte.

Meiner Laborkollegin Frau Dr. Anja Lühl danke ich für die über drei Jahre sehr angenehme Laboratmosphäre mit leider kleinem „Zickenterror“ meinerseits, für den ich mich entschludige.

Bei den aktuellen und vielen ehemaligen Arbeitsgruppenkollegen/innen möchte ich mich für die einzigartige Arbeitsatmosphäre und die gute Zusammenarbeit bedanken; erwähnen möchte ich hier Frau Kim Kretzschmar und Frau Ilka Widderich.

Ein großer Dank gilt meinem Immunsystem, das mich in dieser Zeit nicht im Stich gelassen hat sowie meiner Familie und Freunden, die mich über die gesamte Studien- und Promotionszeit in allen Belangen unterstützt haben.

Ein ganz großes Dankeschön gebührt Winfried Munzel, der mir seit Beginn meiner Promotionszeit in ganz besonderer Weise zur Seite steht und für mein leibliches Wohl gesorgt hat.